Fundamentals of Physics

演習・物理学の基礎
［1］
力学

ハリディ / レスニック / ウォーカー / ホワイテントン
［共著］

野﨑光昭
［監訳］

培風館

監 訳 者

野﨑光昭（のざき　みつあき）　　神戸大学大学院自然科学研究科

訳　者

浦野俊夫（うらの　としお）　　神戸大学工学部

國友正和（くにとも　まさかず）　　神戸大学理学部

野﨑光昭

FUNDAMENTALS OF PHYSICS
6th edition
by
David Halliday
Robert Resnick
Jearl Walker

INSTRUCTOR'S SOLUTIONS MANUAL
by
James B. Whitenton

Copyright © 2003 by Baifukan Co., Ltd, All Rights Reserved. Authorized Translation from English language edition published by John Wiley & Sons, Inc., Copyright © 2001 by John Wiley & Sons, Inc. All Rights Reserved.

本書は株式会社培風館がジョン・ワイリー・アンド・サンズ社と直接の契約により，その英語版原著を翻訳したものである。日本語版「©2002」は培風館がその著作権を登録し，かつこれに付随するすべての権利を保有する。
原著「©2001」の著作権ならびにこれに付随する一切の権利はジョン・ワイリー・アンド・サンズ社が保有する。

本書の無断複写は，著作権法上での例外を除き，禁じられています。
本書を複写される場合は，その都度当社の許諾を得てください。

訳者序文

問題を解くことの意義は2つある：ひとつは（どの問題集にも共通であろうが），教科書や講義で学んだことを本当に理解したかどうかを確かめること，もうひとつは，実際に計算することで数量的な感覚を身につけることである．本問題集には簡単な問題も数多く入っている．その多くは，基本的な式に数値を代入して電卓で計算すれば簡単に答えられる．これらを単なる計算問題として解くのではなく，数値計算をすることで自然界または身近なものの様々なスケールを意識して欲しい．例えば，「初速 v で運動する物体が距離 d を通過する時間」を $t=d/v$ と解ける人でも，「時速 160 km/h でピッチャーが投げたボールが 18.4 m 離れたホームベースに届くまでの時間」を計算した人は少ないと思う．物理学の基本的な考え方を使って身近な現象を説明したり値を求めることができる，ということを本書を通して学んで欲しい．

本書は Halliday, Resnik, Walker 著の Fundamentals of Physics 第6版の章末問題から約3分の1程度を抜粋して日本語訳したものである．原著にあるすべての章末問題に解答をつけるとページ数が膨らんでしまうため，類似の問題の中から内容のバランスを考慮して訳者の独断で選んだ．原著では，教科書の節ごとに基本問題，応用問題の順に並べられている．本書では，難易度は示していないが，順序は原著にしたがっている．解答については Whitenton 著の解答集 (Instructor's Solutions Manual) を元にした．

厳密な訳を多少犠牲にしても，わかりやすく表現することに努めたつもりではあるが，不十分な点も多いかと思う．読者諸氏からのご批判を仰ぎたい．

本書を翻訳する機会を与えていただいた培風館の松本和宣氏に感謝するとともに，教育・研究・学務で忙しい中，翻訳を分担してくださった諸先生方に，監訳者として謝意を表したい．

2003年10月

野﨑光昭

第1巻

演習問題

1章	測　定	2
2章	直線運動	3
3章	ベクトル	5
4章	2次元と3次元の運動	7
5章	力と運動 I	9
6章	力と運動 II	12
7章	運動エネルギーと仕事	14
8章	ポテンシャルエネルギーとエネルギー保存	17
9章	粒　子　系	20
10章	衝　突	23
11章	回　転	25
12章	転がり，トルク，角運動量	28
13章	重　力	31

演習問題解答　　　　　　　　　　　　　　33

1 測　定

1-1 マイクロメートル($1\,\mu m$)は1ミクロンともいう。(a) 1.0 km は何ミクロンか？ (b) 1.0 cm は何ミクロンか？ (c) 1.0 yd(ヤード)は何ミクロンか？ ただし，1 yd＝3 ft(フィート)，1 ft＝0.3048 m である。

1-2 本書では文字間隔をポイントとパイカで表している：12ポイント＝1パイカ，6パイカ＝1インチ。ページの校正で図が0.80 cmだけずれていることがわかった。このずれは (a) 何ポイントか？ (b) 何パイカか？

1-3 (a) 光速(3.0×10^8 m/s)を ft/ns で表しなさい。(b) 光速を mm/ps で表しなさい。

1-4 1天文単位(AU)は太陽から地球までの平均距離(1.50×10^8 km)である。光速を AU/min で表しなさい。

1-5 1日の長さが1世紀あたり0.0010秒だけ一定の割合で延びているとする。20世紀の間に累積する延びはいくらか？(日食の観測により，地球の自転は減速していることがわかっている。)

1-6 現代の時間標準は原子時計に基づいているが，パルサーもまた時間の標準となりうる；パルサー(回転している中性子星)の中にはきわめて安定した周期で回転しているものがある。パルサーは灯台の信号灯のように電波を発しており，地球では間欠的な電波信号として観測される。PSR1937＋21と名づけられたパルサーは1.557 806 448 872 75±3 msの周期で回転している。±3は最後の桁の誤差を表すもので，周期の誤差が±3 msという意味ではない。(a) PSR1937＋21は7.00日の間に何回転するか？ (b) このパルサーが1.0×10^6回転するのにどれだけ時間がかかるか？ (c) このときの誤差はいくらか？

1-7 地球の質量は5.98×10^{24} kg，地球を構成している原子の平均質量は40 u である。地球には何個の原子があるか？

1-8 古いものと新しいもの，そして大きなものと小さなものの対比として次のような例を考えてみよう：イギリスの古い田舎では，1家族を1年間養うのに必要な耕地面積を1ハイド(1 hide；100から120エーカー)とよんでいる。ただし，1エーカー＝4047 m² である。また1ワペンテイク(wapentake)は100家族分の土地面積を表している。量子物理学の世界では，バーン(barn)という単位で原子核の断面積(粒子が衝突して吸収される割合で定義される)を表す。ただし，1バーン＝1×10^{-28} m² である。(バーンは原子核分野で用いられる専門用語；大きな原子核に粒子を入射するのは，納屋のドアに弾丸を撃ち込むようなもので，はずれることはまずない。) 25ワペンテイクと11バーンの比はいくらか？

2

直線運動

2-1 ピッチャーが速さ 160 km/h の速球を水平に投げた。18.4 m 先にあるホームベースに到達するまでにかかる時間はいくらか？

2-2 San Antonio から Houston までの高速道路を車で往復した。往きは，片道所要時間の半分を 55 km/h で，残り半分の時間を 90 km/h で走った。帰りは，半分の距離を 55 km/h で，残り半分を 90 km/h で走った。(a) San Antonio から Houston までの往路の平均スピードはいくらか？ (b) Houston から San Antonio までの復路の平均スピードはいくらか？ (c) 往復の平均スピードはいくらか？ (d) 往復の平均速度はいくらか？ (e) (a) について x を t の関数として図示しなさい。ただし，運動の向きは x の正の向きとする。この図において平均速度はどのように表されるか？

2-3 x 軸に沿って運動している物体の位置が $x = 3t - 4t^2 + t^3$ (x の単位はメートル，t の単位は秒) で表されるとき，(a) $t = 1, 2, 3, 4$ s のときの位置を求めなさい。(b) $t = 0$ から $t = 4$ s までの物体の変位はいくらか？ (c) $t = 2$ s から $t = 4$ s までの平均速度はいくらか？ (d) $0 \leq t \leq 4$ s について x を t の関数として図示しなさい。この図において(c)の答えはどのように表されるか示しなさい。

2-4 図 2-1 は，アルマジロが x 軸に沿って左右(左が x の負の向き)に動き回っている様子を表している。次の条件に合う時間を答えなさい；(a) アルマジロが始めの位置より左側にいる，(b) 速度が負，(c) 速度が正，(d) 速度がゼロ。

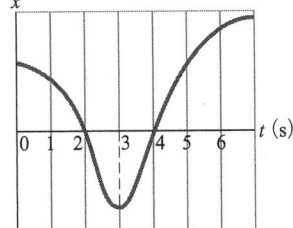

図 2-1

2-5 図 2-2 のグラフは，走者の v-t グラフを表している。この走者は 16 秒間にどれだけ遠くまで走ったか？

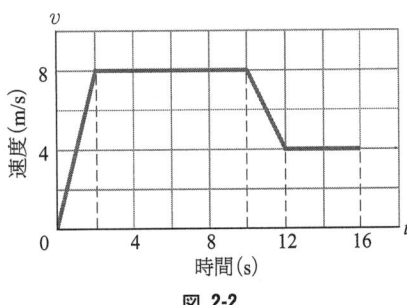

図 2-2

2-6 速さ 18 m/s で運動していた粒子の速さが，2.4 秒間で反対向きに 30 m/s になった。この間の粒子の平均加速度の大きさと向きをを求めなさい。

2-7 陽子が x 軸上を $x = 50t + 10t^2$ にしたがって運動している (x の単位はメートル，t の単位は秒)。(a) 陽子の最初の 3 秒間の平均速度はいくらか？ (b) $t = 3.0$ s における陽子の速度はいくらか？ (c) $t = 3.0$ s における陽子の加速度はいくらか？ (d) x-t グラフを描きなさい。また(a)の答えはグラフ上でどのように表されるか？ (e) (b)の答えをグラフ上に示しなさい。(f) v-t グラフを描きなさい。また(c)の答えはグラフ上でどのように表されるか？

2-8 x 軸上を運動している粒子の位置が $x = ct^2 - bt^3$ (x の単位はメートル，t の単位は秒) で表されるとき，(a) c と b の単位は何か？ c の値が 3.0，b の値が 2.0 のとき，(b) 粒子の位置 x が正で最も大きくなるのはいつか？ $t = 0.0$ から $t = 4.0$ s までの間の粒子の，(c) 移動距離はいくらか？ (d) 変位はいくらか？ $t = 1.0$, 2.0, 3.0, 4.0 s において，粒子の，(e) 速度はいくらか？ (f) 加速度はいくらか？

2-9 速さ 5.00×10^6 m/s で飛んでいるミューオン(素粒子の一種)が 1.25×10^{14} m/s^2 の割合で減速している。(a) ミューオンが減速を始めてから止まるまでに走る距離はいくらか？ (b) このミューオンについて，x-t と v-t のグラフを描きなさい。

2-10 初速度 $v_0 = 1.50 \times 10^5$ m/s で長さ 1.0 cm の加速領域に入射した電子が，速度 $v = 5.70 \times 10^6$ m/s で加速領域から飛び出した(図 2-3)。電子の加速度(一定である

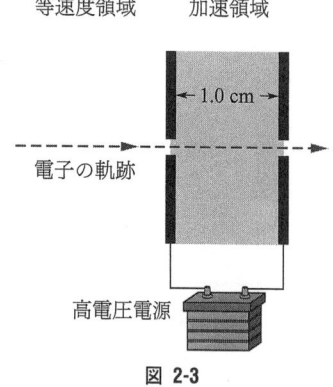

等速度領域　加速領域
1.0 cm
電子の軌跡
高電圧電源
図 2-3

とする）はいくらか？（このような電子の加速はテレビのブラウン管の中で起きている。）

2-11 速さ137 km/hで走行中にパトカーを見つけたので，あわててブレーキを踏んだ．減速の大きさは5.2 m/s² とする．(a) 速さ90 km/hまで減速するのに必要な時間はいくらか？ (b) この減速をx-tとv-tのグラフに描きなさい．

2-12 速さ56 km/hで走っている車のドライバーが，障害物に24.0 mまで近づいたときにブレーキを踏んだが，車は2.00秒後に障害物に衝突した．(a) 車の加速度（一定であるとする）はいくらか？ (b) 衝突時の車の速さはいくらか？

2-13 一定の加速度で走行中の車が，60.0 m離れた2点間を6.0秒で通過した．第2地点を通過したときの速さは15.0 m/sであった．(a) 第1地点を通過したときの速さはいくらか？ (b) 加速度はいくらか？ (c) 車が静止していたのは第1地点からどれだけ離れたところか？ (d) 車が静止しているときの時刻を$t=0$として，x-tグラフとv-tグラフを描きなさい．

2-14 ニューヨークのホテルNew York Marriott Marquisのエレベーターは，最大スピード305 m/minで190 mの間を上下する．加速と減速の大きさは，どちらも1.22 m/s² である．(a) 静止状態から最大スピードになるまでに動く距離はいくらか？ (b) 190 mをノンストップで移動するのに必要な時間はいくらか？ 最初と最後はもちろん静止している．

2-15 雨滴が1700 m上空の雲から地面に落ちてきた．空気抵抗で減速しないとすると，雨滴が地面をたたくときの速さはいくらか？

2-16 (a) 地上から真上に投げ上げられたボールが高さ50 mで最高点に達した．ボールの初速はいくらか？ (b) ボールの滞空時間はいくらか？ (c) ボールの高さy，速度v，加速度aを時間tの関数としてグラフに描きなさい．高さと速度のグラフには最高点に達する時刻を記入しなさい．

2-17 模型のロケットが真上に向かって加速度4.00 m/s² で6.00秒間上昇したところで燃料が尽きた．その後は自由落下する粒子のように，しばらく上昇を続けた後に下降に転じた．(a) 最高到達点の高さはいくらか？ (b) 打ち上げから再び地面にぶつかるまでの時間はいくらか？

2-18 テニスボールの品質を検査するために4.00 mの高さから落としたら，2.00 mの高さまで跳ね返ってきた．ボールが床と接触していた時間を12.0 msとすると，この間の平均加速度はいくらか？

2-19 遠くの惑星の地面から真上にボールを投げ上げた．図2-4は，投げ上げた時刻を$t=0$，投げ上げた点からの高さをyとしたときのボールのy-tグラフである．(a) この惑星での自由落下の加速度の大きさはいくらか？ (b) ボールの初速はいくらか？

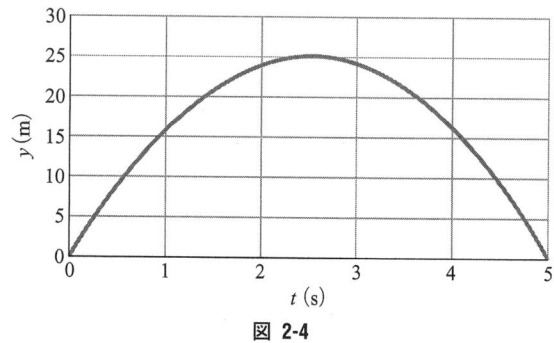

図 2-4

2-20 速さ12 m/sで上昇中の熱気球が高度80 mに達したとき，荷物を静かに放して落下させた．(a) 荷物が地上に達するのにかかる時間はいくらか？ (b) 地上に達したときの速さはいくらか？

3
ベクトル

3-1 ボストンの銀行に強盗が入り，犯人はヘリコプターで逃走した（図 3-1 を参照）．飛行経路は，真東から南へ 45°の向きに 32 km，続いて真西から北へ 26°の向きに 53 km，さらに真南から東へ 18°の向きに 26 km，ここまで逃げたところで犯人は逮捕された．逮捕されたのは何という町か？（地図上で幾何学的にベクトルを足し上げなさい．）

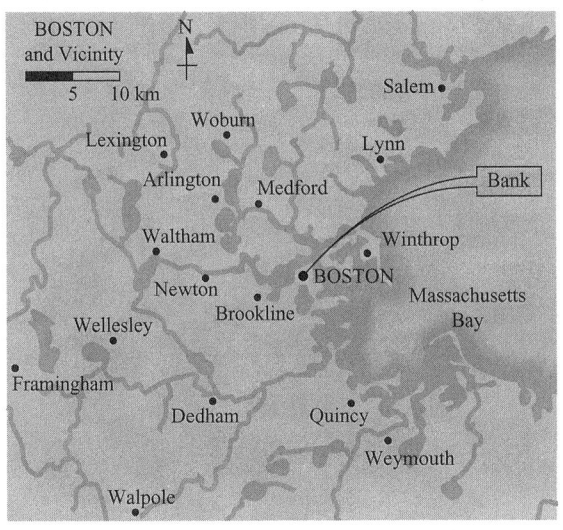

図 3-1

3-2 ベクトル $\vec{a}$ は xy 平面上にあり，x 軸の正の向きから反時計まわりに 250°の向きで，大きさは 7.3 m である．（a）$\vec{a}$ の x 成分はいくらか？（b）$\vec{a}$ の y 成分はいくらか？

3-3 ベクトル $\vec{A}$ の x 成分は -25.0 m，y 成分は $+40.0$ m である．（a）$\vec{A}$ の大きさはいくらか？（b）$\vec{A}$ と x の正の向きとの間の角度はいくらか？

3-4 断層では，破砕された面に沿って両側の岩盤がずれる．図 3-2 の点 A と B は，手前の岩盤が右下にずれる前は一致していた．正味の変位 $\overrightarrow{AB}$ は断層面に沿っている．$\overrightarrow{AB}$ の水平成分 AC を*横ずれ*，断層面に沿って下向きの成分 AD を*縦ずれ*とよぶ．（a）横ずれが 22.0 m，縦ずれが 17.0 m のとき，正味の変位 $\overrightarrow{AB}$ の大きさはいくらか？（b）断層面が水平から 52°の角度であると

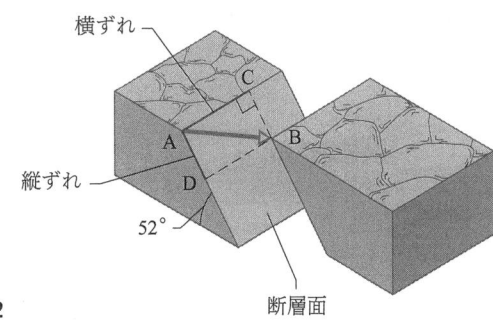

図 3-2

き，$\overrightarrow{AB}$ の鉛直成分はいくらか？

3-5 (a) $\vec{a} = (4.0 \text{ m})\hat{i} + (3.0 \text{ m})\hat{j}$ と $\vec{b} = (-13.0 \text{ m})\hat{i} + (7.0 \text{ m})\hat{j}$ の和を単位ベクトル表記で表しなさい．(b) $\vec{a} + \vec{b}$ の大きさを求めなさい．(c) $\vec{a} + \vec{b}$ の $\hat{i}$ に対する向きを示しなさい．

3-6 ベクトル $\vec{a}$ は大きさ 5.0 m で東向き，ベクトル $\vec{b}$ は大きさ 4.0 m で真北から西へ 35°の向きである．(a) $\vec{a} + \vec{b}$ の大きさを求めなさい．(b) $\vec{a} + \vec{b}$ の向きを示しなさい．(c) $\vec{b} - \vec{a}$ の大きさを求めなさい．(d) $\vec{b} - \vec{a}$ の向きを示しなさい．(e) それぞれの組み合わせについてベクトルを図示しなさい．

3-7 2つのベクトル $\vec{a} = (4.0 \text{ m})\hat{i} - (3.0 \text{ m})\hat{j} + (1.0 \text{ m})\hat{k}$ と $\vec{b} = (-1.0 \text{ m})\hat{i} + (1.0 \text{ m})\hat{j} + (4.0 \text{ m})\hat{k}$ について，(a) $\vec{a} + \vec{b}$，(b) $\vec{a} - \vec{b}$，(c) $\vec{a} - \vec{b} + \vec{c} = 0$ となるベクトル $\vec{c}$，を単位ベクトル表記で表しなさい．

3-8 図 3-3 に示したベクトル $\vec{a}$ と $\vec{b}$ の大きさはどちらも 10.0 m である．$\vec{a}$ と $\vec{b}$ の和を $\vec{r}$ とするとき，(a) $\vec{r}$ の

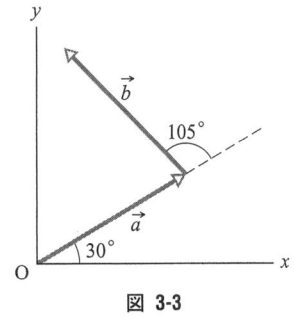

図 3-3

x 成分はいくらか？ (b) $\vec{r}$ の y 成分はいくらか？ (c) $\vec{r}$ の大きさはいくらか？ (d) $\vec{r}$ と $+x$ の向きの間の角度はいくらか？

3-9 2つのベクトルの和と差が直交するとき，この2つのベクトルの大きさが等しいことを示しなさい。

3-10 2つのベクトルの大きさが $\vec{a}$ と $\vec{b}$ で，それらの始点を一致させたときにできる角が θ であるとする。2つのベクトルの和 $\vec{r}$ の大きさが $r = \sqrt{a^2+b^2+2ab\cos\theta}$ となることを示しなさい。

3-11 xy 座標平面上にあるベクトル $\vec{A}$ は，大きさが 12.0 m，$+x$ から反時計回りに 60° の向きである。$\vec{B}$ も同じ面内にあり，$\vec{B}=(12.0\,\mathrm{m})\hat{\mathrm{i}}+(8.00\,\mathrm{m})\hat{\mathrm{j}}$ である。座標系を原点のまわりに反時計回りに 20° 回転させて新たに $x'y'$ 座標系をつくる。この新しい座標系の単位ベクトル表記で，(a) $\vec{A}$, (b) $\vec{B}$ を表しなさい。

3-12 大きさ 10 のベクトル $\vec{a}$ と大きさ 6.0 のベクトル $\vec{b}$ のなす角は 60° である。(a) $\vec{a}$ と $\vec{b}$ のスカラー積を求めなさい。(b) $\vec{a}$ と $\vec{b}$ のベクトル積の大きさを求めなさい。

3-13 スカラー積に関する式 ($\vec{a}\cdot\vec{b}=a_xb_x+a_yb_y+a_zb_z$) を単位ベクトル表記を使って導きなさい。

3-14 スカラー積の定義式 $\vec{a}\cdot\vec{b}=ab\cos\theta$ と $\vec{a}\cdot\vec{b}=a_xb_x+a_yb_y+a_zb_z$ を使って，$\vec{a}=3.0\hat{\mathrm{i}}+3.0\hat{\mathrm{j}}+3.0\hat{\mathrm{k}}$ と $\vec{b}=2.0\hat{\mathrm{i}}+1.0\hat{\mathrm{j}}+3.0\hat{\mathrm{k}}$ の間の角度を求めなさい。

3-15 ベクトル積に関する式 $(\vec{a}\times\vec{b}=(a_yb_z-b_ya_z)\hat{\mathrm{i}}+(a_zb_x-b_za_x)\hat{\mathrm{j}}+(a_xb_y-b_xa_y)\hat{\mathrm{k}})$ を単位ベクトル表記を使って導きなさい。

3-16 図 3-4 に示された $\vec{a}$ と $\vec{b}$ と赤い線で囲まれた三角形の面積が $(1/2)|\vec{a}\times\vec{b}|$ となることを示しなさい。

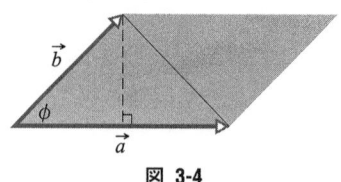

図 **3-4**

3-17 図 3-5 の3つのベクトルの大きさは，それぞれ $a=3.00$ m, $b=4.00$ m, $c=10.0$ m である。(a) $\vec{a}$ の x 成分はいくらか？ (b) $\vec{a}$ の y 成分はいくらか？ (c) $\vec{b}$ の x 成分はいくらか？ (d) $\vec{b}$ の y 成分はいくらか？ (e) $\vec{c}$ の x 成分はいくらか？ (f) $\vec{c}$ の y 成分はいくらか？ $\vec{c}=p\vec{a}+q\vec{b}$ であるとき，(g) p はいくらか？ (h) q はいくらは？

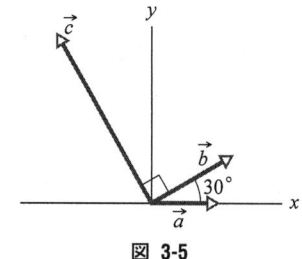

図 **3-5**

4

2次元と3次元の運動

4-1 初期位置 $\vec{r} = 5.0\hat{i} - 6.0\hat{j} + 2.0\hat{k}$ の陽子が $\vec{r} = -2.0\hat{i} + 6.0\hat{j} + 2.0\hat{k}$ へ移動した（単位はメートル）。(a) 陽子の変位ベクトルを求めなさい。(b) このベクトルはどの面と平行か？

4-2 レーダーが真東から接近する航空機をとらえた。このときの距離は 360 m, 仰角は 40° であった。東西方向の鉛直面内をしばらく直進した後, 仰角は 123° 増加し, 距離は 790 m となった（図 4-1）。2 回の測定の間の航空機の変位を求めなさい。

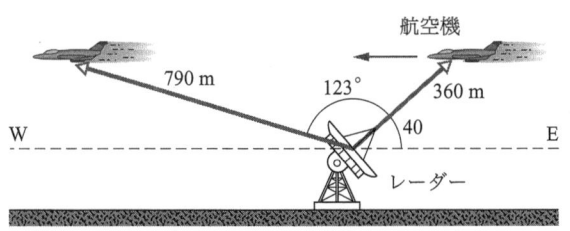

図 4-1

4-3 列車が東向きに一定の速さ 60 km/h で 40 分走った後, 真北から東へ 50° の向きに進路を変えて 20 分, その後さらに西向きに 50 分走った。この間の列車の平均速度はいくらか？

4-4 電子の位置が $\vec{r} = 3.00t\hat{i} - 4.00t^2\hat{j} + 2.0\hat{k}$ で与えられている（t は秒, $\vec{r}$ はメートル単位）。(a) 電子の速度 $\vec{v}(t)$ はいくらか？ (b) $t = 2.00$ s での $\vec{v}$ を単位ベクトル表記で表しなさい。(c) このときの $\vec{v}$ の大きさはいくらか？ (d) x の正の向きに対する $\vec{v}$ の向きはいくらか？

4-5 xy 平面内を運動している粒子の位置が $\vec{r} = (2.00t^3 - 5.00t)\hat{i} + (6.00 - 7.00t^4)\hat{j}$ で与えられている（t は秒, $\vec{r}$ はメートル単位）。$t = 2.00$ s での次の値を求めなさい：(a) $\vec{r}$, (b) $\vec{v}$, (c) $\vec{a}$, (d) $t = 2.00$ s での粒子の軌跡の接線の向き。

4-6 粒子が初速度 $\vec{v} = (3.00\hat{i})$ m/s で原点を飛び出し, 一定の加速度 $\vec{a} = (-1.00\hat{i} - 0.500\hat{j})$ m/s² で運動している。x が最大となるときの, 粒子の, (a) 速度ベクトルと, (b) 位置ベクトルを求めなさい。

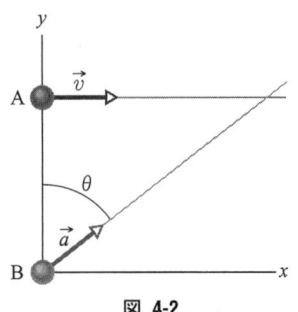

図 4-2

4-7 粒子 A が $y = 30$ m の直線上を一定速度 $\vec{v}$（大きさ 3.0 m/s で $+x$ の向き）で運動している（図 4-2）。粒子 A が y 軸を通過したときに, 粒子 B が原点から初速ゼロ, 一定の加速度 $\vec{a}$（大きさ 0.4 m/s²）で運動を始めた。2 つの粒子が衝突するための角 θ を求めなさい。

4-8 30 m 先の標的に向かって水平にライフルのねらいを定める。撃ち出された弾は標的の 1.9 cm 下に当たった。(a) 弾の飛行時間はいくらか？ (b) 弾の初速はいくらか？

4-9 1991 年に東京で開催された世界陸上選手権大会で, 走り幅跳びの Mike Powell は 8.95 m の記録を達成し, 23 年間破られなかった Bob Beamon の記録を 5 cm 更新した（図 4-3）。踏み切り時の Powell の速さを 9.5 m/s（短距離走者のスピードとほぼ同じ）, 東京での自由落下の加速度を $g = 9.80$ m/s² とする。同じ速さ 9.5 m/s で打ち出される粒子の最大飛距離（空気抵抗は無視する）と比べて, Powell の記録はどれほど短いか？

4-10 図 4-4 はゴルフボールの速さを表している。打点と落下点はどちらも地面の高さで, ショットの瞬間を $t = 0$ とする。(a) ゴルフボールの水平飛距離はいくらか？ (b) ボールの最高点での高さはいくらか？

4-11 初速 460 m/s で弾を撃ち出すライフルで, 45.7 m 先の同じ高さにある標的を射抜くためには, 標的のどれだけ上をねらえばよいか？

4-12 放射物体の最大到達高度が $y_{max} = (v_0 \sin\theta_0)^2/2g$ で与えられることを示しなさい。

図 4-3

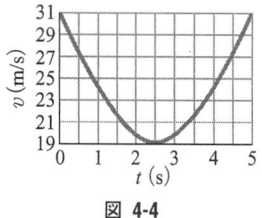

図 4-4

4-13 地上から空中に投げ上げたボールの高さが 9.1 m に達したとき，ボールの速度は $\vec{v} = 7.6\hat{i} + 6.1\hat{j}$ であった（速度の単位は m/s，水平向きに $\hat{i}$，上向きに $\hat{j}$ をとる）。(a) ボールの高さは最大いくらになるか？ (b) ボールの水平飛距離はいくらか？ (c) 地上に落ちる直前のボールの速さはいくらか？ (d) このときのボールの向きは？

4-14 高さ 1.22 m で 45°上向きに打たれたボールの（打ったときと同じ高さに戻るまでの）水平飛距離が 107 m であるとき，(a) このボールは打者から 97.5 m 離れた位置にある高さ 7.32 m のフェンスを越えることができるか？ (b) ボールがフェンスに到達するときのボールとフェンス上端の距離はいくらか？

4-15 人工衛星が高度 640 km の円軌道を 1 周 98.0 分で周回している。(a) 人工衛星の速さはいくらか？ (b) 向心加速度の大きさはいくらか？

4-16 宇宙飛行士が半径 5.0 m の遠心装置に乗って回転している。(a) 向心加速度が $7.0\,g$ であるとき，宇宙飛行士の速さはいくらか？ (b) このような加速度を発生させるためには毎分何回転する必要があるか？ (c) 運動の周期はいくらか？

4-17 (a) 地球の自転によって赤道上の物体がもつ向心加速度の大きさはいくらか？ (b) 向心加速度の大きさが 9.8 m/s² となるような自転周期はいくらか？

4-18 子供がひもの先に石を結びつけてぐるぐる回している：石は高さ 2.0 m の水平面内を半径 1.5 m で円運動している。ひもが切れて，石は水平に 10 m 飛んで地面に落ちた。円運動をしているときの石の向心加速度の大きさはいくらか？

4-19 始点から終点まで通常 6.0 s で移動する長さ 15 m のエスカレーターがある。このエスカレーターが故障のため止まっていたので，この上を歩いたところ始点から終点まで 9.0 s かかった。正常に動いているこのエスカレーターの上を同じ速さで歩くと何秒で終点に到達できるか？ この時間はエスカレーターの長さによって変わるか？

4-20 雪が速さ 8.0 m/s で鉛直に降っている。時速 50 km/h で水平に走っている車のドライバーがこの雪を見ると鉛直から何度傾いて降って見えるか？

4-21 2 隻の船 A と B が同時に出港した。船 A は北西に 24 ノットで，船 B は真南から西へ 40°の向きに 28 ノットで進んでいる。ただし，1 ノット (knot) は毎時 1 海里 (1852 m) の速さ。(a) 船 A の船 B に対する速度の大きさと向きはいくらか？ (b) 2 隻が 160 海里離れるのは出航後何時間たってからか？ (c) このとき，船 A から見た船 B の方位は？

4-22 ジャングルの中を幅 200 m の川が一定の流速 1.1 m/s で東向きに流れている。川の南岸にいる探検家がモーターボートで川を渡ろうとしている。このボートは静水の上を速さ 4.0 m/s で走ることができる。(a) 対岸の 82 m 上流にある空き地まで真っ直ぐ進むためには，ボートをどの向きに向けたらよいか？ (b) 対岸の空き地に到達するまでにかかる時間はいくらか？

5

力と運動 I

5-1 質量 3.0 kg の物体に 2 つの力が働いている。一方は東向きに 9.0 N, 他方は真西から北へ 62°の向きに 8.0 N である。この物体の加速度の大きさはいくらか？

5-2 3 つの力を受けた粒子が一定の速度 $\vec{v}=(2 \text{ m/s})\hat{i}-(7 \text{ m/s})\hat{j}$ で動いている。力 1 は $\vec{F}_1=(2 \text{ N})\hat{i}+(3 \text{ N})\hat{j}+(-2 \text{ N})\hat{k}$, 力 2 は $\vec{F}_2=(-5 \text{ N})\hat{i}+(8 \text{ N})\hat{j}+(-2 \text{ N})\hat{k}$ で表される。第 3 の力を求めなさい。

5-3 質量 2.0 kg の箱に 2 つの力が働いている。図 5-1 には片方の力 $\vec{F}_1$ と箱の加速度が示されている。(a) 第 2 の力を単位ベクトル表記で求めなさい。(b) この力の大きさを求めなさい。(c) この力の向きを求めなさい。

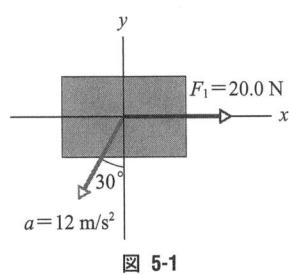

図 5-1

5-4 (a) 質量 11.0 kg のサラミが, 天井から吊されたばね秤にぶら下がっている（図 5-2a）。ばね秤の読み（重量で表示されている）はいくらか？ (b) 図 5-2b では, サラミを吊っているひもが滑車を通してばね秤に繋がり, ばね秤の他端はひもを通して壁に繋がっている。ばね秤の読みはいくらか？ (c) 図 5-2c では, 左側の壁の代わりに別の 11 kg のサラミがぶら下がって, 全体が静止している。このときのばね秤の読みはいくらか？

5-5 自由落下の加速度が $g=9.8 \text{ m/s}^2$ であるような場所に, 重さが 22N の粒子がある。$g=4.9 \text{ m/s}^2$ の場所でのこの粒子の, (a) 重さはいくらか？ (b) 質量はいくらか？ $g=0$ であるような場所へ移動したら, この粒子の, (c) 重さはいくらか？ (d) 質量はいくらか？

5-6 質量 50 kg の人が乗ったエレベーターが, 1 階に止まった状態から上昇を始め, 10 秒後に最上階で停止した。図 5-3 はエレベーターの加速度を時間の関数として示したもので, 正の値は上向きの加速度を表している。次の力について大きさと向きを求めなさい；(a) 乗

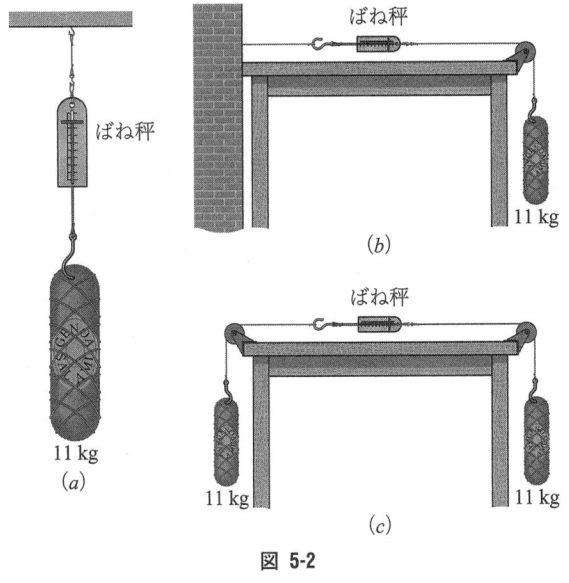

図 5-2

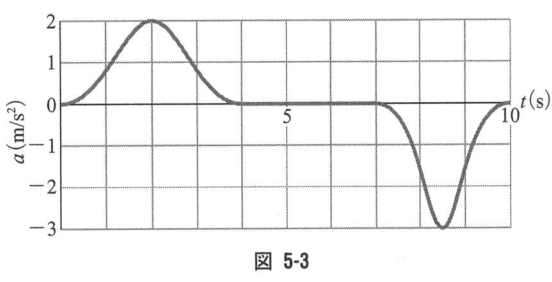

図 5-3

客が床から受ける力の最大値, (b) 乗客が床から受ける力の最小値, (c) 床が乗客から受ける力の最大値。

5-7 速さ 1.2×10^7 m/s で水平に運動している電子（質量は 9.11×10^{-31} kg）が, 鉛直方向に一定の力（4.5×10^{-16} N）を受ける領域に入射した。電子が水平に 30 mm 進む間に鉛直方向に動く距離を求めなさい。

5-8 速さ 53 km/h で走っていた自動車が壁に衝突し, ドライバーは（道路に対して）65 cm だけ前に動いてから膨らんだエアバッグのおかげで止まった。ドライバーの上半身（質量は 41 kg）には一定の力が働いたとすると, この力の大きさはいくらか？

5-9 凍った湖の氷の上に立っている40 kgの子供と，15 m離れた位置に置かれた8.4 kgのそりがひもでつながれている．氷の表面の摩擦とひもの質量は無視できる．子供がひもを5.2 Nの力で引っ張るとき，(a) そりの加速度はいくらか？ (b) 子供の加速度はいくらか？ (c) そりが子供にぶつかるまでに子供が動く距離はいくらか？

5-10 重さ712 Nの消防士が鉛直の棒を加速度3.00 m/s^{2}で真っ直ぐ下に滑り降りた．(a) 消防士が棒から受ける力の大きさと向きは？ (b) 棒が消防士から受ける力の大きさと向きは？

5-11 質量3.0×10^{-4} kgの球がひもにぶら下がっている．風が吹いて球は一定の力を水平に受け，ひもは鉛直から37°傾いた．(a) 球が風から受けた力の大きさはいくらか？ (b) ひもの張力はいくらか？

5-12 摩擦のないテーブルの上で互いに接している2つのブロックのうち，大きな方に水平の力を加えた(図5-4)．(a) $m_1 = 2.3$ kg，$m_2 = 1.2$ kg，$F = 3.2$ Nであるとき，2つのブロックの間に働く力の大きさはいくらか？ (b) 同じ大きさで逆向きの力を小さい方のブロックに加えると，ブロック間に働く力の大きさは2.1 Nになることを示しなさい．これは(a)で計算した値とは異なる．(c) この違いについて説明しなさい．

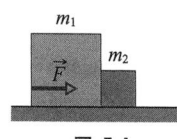
図 5-4

5-13 下向きに12 m/sで下降中の質量1600 kgのエレベーターが，42 m下降する間に一定の加速度で減速して停止した．減速中の(エレベーターを吊っている)ケーブルの張力はいくらか？

5-14 質量5.0 kgのパラシュートを開いて下降中の80 kgのスカイダイバーの加速度が下向きに2.5 m/s^{2}である．(a) パラシュートが空気から受ける上向きの力はいくらか？ (b) パラシュートがダイバーから受ける下向きの力はいくらか？

5-15 着陸船が木星の衛星のひとつであるカリストの表面に接近している場面を想像しよう．着陸船の推力が3260 Nであれば着陸船は等速で下降し，2200 Nであれば下向きに0.39 m/s^{2}の加速度をもつ．(a) カリスト表面での着陸船の重さはいくらか？ (b) 着陸船の質量はいくらか？ (c) カリスト表面での自由落下の加速度はいくらか？

5-16 図5-5のように，質量0.100 kgの輪5つで作られた鎖が等加速度2.50 m/s^{2}で真上に引っ張り上げられている．
(a) 輪1が輪2から受ける力の大きさはいくらか？ (b) 輪2が輪3から受ける力の大きさはいくらか？ (c) 輪3が輪4から受ける力の大きさはいくらか？ (d) 輪4が輪5から受ける力の大きさはいくらか？ (e) 鎖の上端を引っ張っている力$\vec{F}$の大きさはいくらか？ (f) それぞれの輪に働いている正味の力の大きさはいくらか？

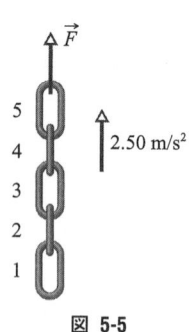
図 5-5

5-17 図5-6のように，30°傾いた摩擦のない斜面の上にある質量$m_1 = 3.70$ kgのブロックと，鉛直に吊された質量$m_2 = 2.30$ kgのブロックが，摩擦のない滑車を通して質量のないひもで繋がっている．(a) ブロックの加速度の大きさはいくらか？ (b) 吊されたブロックの加速度はどの向きか？ (c) ひもの張力はいくらか？

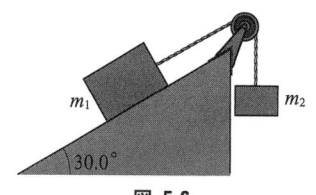
図 5-6

5-18 図5-7のように，15 kgの箱に結ばれた質量のないロープが摩擦のない木の枝にかかっていて，他端を10 kgの猿が登っている．(a) 猿がどれだけの加速度で登ると箱が地面から浮き上がるか？ 箱が浮いたところで猿は登るのをやめてロープにしがみついた．このときの，(b) 猿の加速度の大きさはいくらか？ (c) 猿の加

図 5-7

速度はどの向きか？　(d) ひもの張力はいくらか？

5-19 図5-8のように，摩擦のない水平な床の上に置かれた5.0 kgのブロックを，$F=12.0$ N の力で水平から25°上向きに引っ張った。(a) ブロックの加速度はいくらか？　力の大きさ F をゆっくりと増加させたところ，ブロックが床から浮き上がった。このときの，(b) 力の大きさはいくらか？　(c) ブロックの加速度の大きさはいくらか？

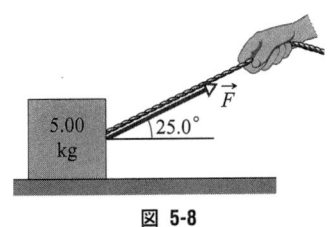

図 5-8

5-20 図5-9のように，質量 M のブロックを，質量 m のロープの端に水平に $\vec{F}$ の力を加えて引っ張った。(a) ロープがわずかながらたわむことを示しなさい。ロープのたわみが無視できるほど小さいと仮定して，(b) ロープとブロックの加速度，(c) ロープからブロックに働く力，(d) ロープ中央での張力，を求めなさい。

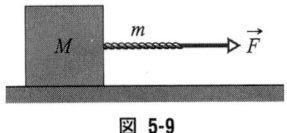

図 5-9

5-21 質量 M の熱気球が下向きの加速度 a で垂直に下降している。(a) 気球に上向きの加速度 a を与えるためにはどれだけの質量(バラスト)を投下したらよいか？　バラストを投下しても空気から受ける気球の揚力は変わらないものとする。

6

力と運動 II

6-1 テフロンとスクランブルエッグの間の静止摩擦係数は 0.04 である。テフロン加工されたフライパンをどれだけ傾けるとスクランブルエッグは滑りだすか？

6-2 床に置かれた 55 kg の箱を作業員が 220 N の力で水平に押している。動摩擦係数が 0.35 のとき，(a) 摩擦力の大きさはいくらか？ (b) 箱の加速度の大きさはいくらか？

6-3 初速 6.0 m/s で氷の上を滑っている 110 g のアイスホッケーのパックが，氷との摩擦によって 15 m 滑ってから止まった。(a) 摩擦力の大きさはいくらか？ (b) パックと氷の間の摩擦係数はいくらか？

6-4 図 6-1 のように，重さ 5.0 N のブロックを 12 N の水平な力 $\vec{F}$ で鉛直な壁に押しつける。壁とブロックの間の静止摩擦係数は 0.60，動摩擦係数は 0.40 である。ブロックは最初静止しているとすると，(a) ブロックは滑り出すか？ (b) ブロックが壁から受ける力を単位ベクトル表記で表しなさい。

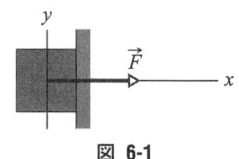

図 6-1

6-5 68 kg の箱にロープを結びつけて 15°傾いた斜面を引っ張り上げる。(a) 静止摩擦係数が 0.50 のとき，静止している箱を動かすのに必要な力の大きさはいくらか？ (b) 動摩擦係数が 0.35 のとき，箱が動き始めるときの加速度の大きさはいくらか？

6-6 図 6-2 のブロック A は重さ 44 N，ブロック B は重さ 22 N である。テーブルと A の間の静止摩擦係数は 0.20，動摩擦係数は 0.15 である。(a) ブロック C を A の上に載せて A が滑らないようにするために必要な C の重さは最低いくらか？ (b) ブロック C を素早く取り除いたとき，A の加速度はいくらか？

6-7 図 6-3 のように，床に置かれた 3.5 kg のブロックを，大きさ 15 N の力 $\vec{F}$ で $\theta = 40°$ の向きに押している。床とブロックの間の動摩擦係数は 0.25 である。(a) ブロックが床から受ける摩擦力の大きさはいくらか？ (b) ブロックの加速度の大きさはいくらか？

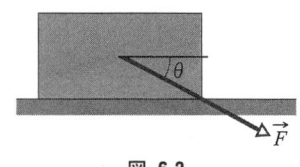

図 6-3

6-8 図 6-4 においてブロック B の重さは 711 N，ブロックとテーブルの間の静止摩擦係数は 0.25，B と結び目の間のひもは水平である。全体を静止した状態に保ちたい。ブロック A の重さの最大値はいくらか？

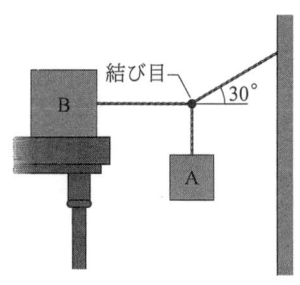

図 6-4

6-9 図 6-5 のように，2 つのブロック ($m = 16$ kg と $M = 88$ kg) が接している。ブロック間の静止摩擦係数は $\mu_s = 0.38$ であるが，大きなブロックと床の間の摩擦はない。小さなブロックに水平な力 $\vec{F}$ を加えてこのブロックが滑り落ちないようにしたい。$\vec{F}$ の大きさは最低いくらか？

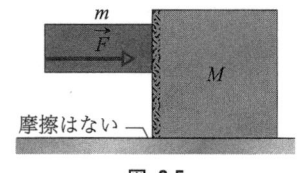

図 6-5

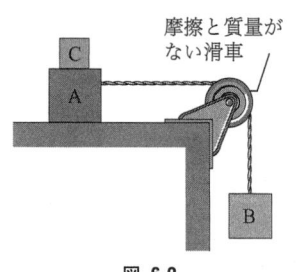

図 6-2

6 力と運動II

6-10 図6-6のように，2つの箱（$m_1=1.65$ kg と $m_2=3.30$ kg）が棒でつながれた状態で斜面を滑り落ちている．棒の質量は無視できるほど小さく，斜面の傾斜角は $\theta=30°$，左上の箱と斜面の間の動摩擦係数は $\mu_1=0.226$, 右下の箱は $\mu_2=0.113$ である．（a）棒に働く張力はいくらか？（b）箱の加速度の大きさはいくらか？（c）2つの箱の位置を入れ替えたら（a）と（b）の答えは変わるか？

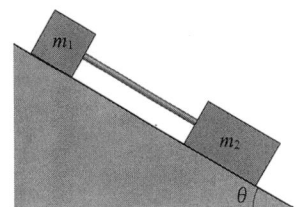

図 6-6

6-11 図6-7のように，摩擦のない床の上に40 kgの板が置かれ，10 kgのブロックがその上に乗っている．板とブロックの間の静止摩擦係数は $\mu_s=0.60$, 動摩擦係数は $\mu_k=0.40$ である．ブロックを100 Nの力で水平に引っ張るとき，（a）ブロックの加速度はいくらか？（b）板の加速度はいくらか？

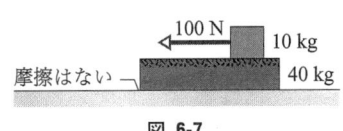

図 6-7

6-12 断面の直径が53 cmのミサイルが250 m/sのスピードで低空飛行している．空気の密度を 1.2 kg/m^3, $C=0.75$ とすると，ミサイルに働く抵抗力はいくらか？

6-13 高度10 kmを速さ1000 km/hで飛ぶジェット機に働く抵抗力と，半分の高度を半分の速さで飛ぶプロペラ機に働く抵抗力の比はいくらか？ 高度10 kmでの空気の密度は 0.38 kg/m^3, 高度5.0 kmでは 0.67 kg/m^3 である．ジェット機とプロペラ機の有効断面積と抵抗係数 C は等しいと仮定する．

6-14 F1グランプリのサーキット路面とマシンのタイヤの間の静止摩擦係数が 0.60 であるとき，半径 30.5 mの水平なカーブを滑らずに走り抜けることのできる最大スピードはいくらか？

6-15 満員の乗客を乗せた質量1200 kgのジェットコースターが，鉛直面内にある半径18 mの円弧状のコースの頂上を等速で通過するとき，車体がレールから受ける力の大きさと向きはいくらか？ただし，頂上を通過するスピードは，（a）11 m/s，（b）14 m/s である．

6-16 図6-8のように，テーブルに空いた小さな穴を通して質量 M の錘にひもでつながれた質量 m のパックが摩擦のないテーブルの上を滑っている．錘が静止しているときのパックの速さを導きなさい．

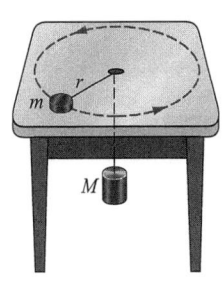

図 6-8

6-17 観覧車に重さ667 Nの学生が乗っている（真っ直ぐに座っている）．ゴンドラが最高点に達したとき，この学生がいすから受ける垂直抗力 $\vec{N}$ の大きさは556 Nであった．（a）このとき学生は"軽い"と感じるか，"重い"と感じるか？（b）最下点を通過するときの $\vec{N}$ の大きさはいくらか？（c）観覧車の回転スピードが2倍になったら $\vec{N}$ の大きさはどうなるか？

6-18 図6-9のように，飛行機が480 km/hのスピードで水平面内を旋回中である．主翼の傾斜角が40°であるとき旋回半径はいくらか？ ただし，旋回に必要な力は翼面に垂直に働く揚力だけであると仮定する．

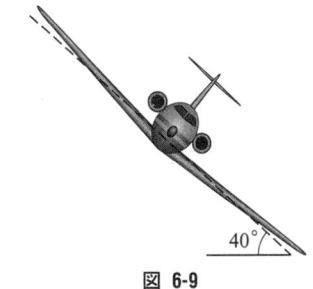

図 6-9

6-19 図6-10のように，1.34 kgのボールがぴんと張ったひも（質量は無視できる）で鉛直回転軸に結びつけられている．上のひもの張力は35 Nである．（a）ボールに対する力の作用図を描きなさい．（b）下のひもの張力はいくらか？（c）ボールに働く正味の力はいくらか？（d）ボールの速さはいくらか？

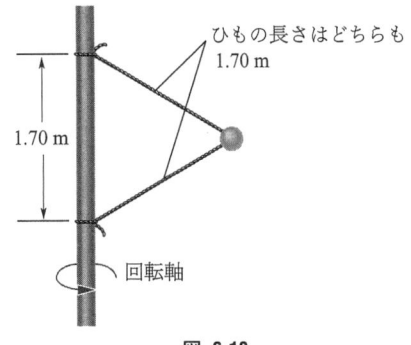

図 6-10

7

運動エネルギーと仕事

7-1 1972年8月10日，巨大な隕石が（水切りのように）北米西部の大気上空をかすめ，火の玉となった隕石は明るく輝き，昼間でも肉眼で見ることができた（図7-1）。隕石の質量は約 4×10^6 kg，速さは約 15 km/s と推定された。もしこの隕石が大気に垂直に突入してきたら，ほぼ同じ速さで地面に衝突したと考えられる。このとき，(a) 隕石が地面と衝突して失う運動エネルギーはいくらか（ジュール単位）？ (b) このエネルギーは1メガトンのTNT爆薬の爆発エネルギー（$=4.2\times10^{15}$ J）何個分に相当するか？ (c) 広島に投下された原爆のエネルギーは13キロトンのTNT爆薬に相当する。この隕石のエネルギーは広島の原爆何個分に相当するか？

7-4 図7-2のように3つの力を受けたトランクが摩擦のない床の上を左へ 3.00 m 移動した。力の大きさは $F_1=5.00$ N，$F_2=9.00$ N，$F_3=3.00$ N である。この移動の間に，(a) 3つの力によってトランクになされた正味の仕事はいくらか？ (b) トランクの運動エネルギーは増えたか，減ったか？

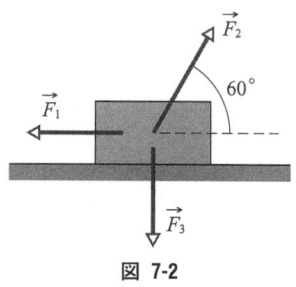

図 7-2

7-5 xy 平面上を運動している 2.0 kg の容器に大きさ 5.0 N の力が加えられている。容器の初速度は $+x$ 方向に 4.0 m/s であったが，ある時間が経過した後に $+y$ 方向に 6.0 m/s になった。この間に容器になされた仕事はいくらか？

7-6 図7-3のように，2つの滑車にかけられたひもの端が力 $\vec{F}$ で引っ張られている。滑車のひとつには 20 kg の缶が吊り下げられている。滑車の質量と摩擦は無視できる。(a) 缶を等速で引き上げるために加える力 $\vec{F}$ の大きさはいくらか？ (b) 缶を 2.0 cm 引き上げるとき，ひもをどれだけ引き下げればよいか？ この間に，(c)

図 7-1 大きな隕石が山の上の大気をかすめた（右上）。

7-2 次の物体の運動エネルギーはいくらか？ (a) 8.1 m/s で走っている 110 kg のラインバッカー；(b) 950 m/s で飛んでいる 4.2 g の弾丸；(c) 32 ノットで航行している 91,400 米トンの空母ニミッツ。(訳注：米国でのトンはメートル法のトンとは異なり，1米トン=907.2 kg)

7-3 摩擦のない床に置かれた 50 kg の箱を，作業員が 210 N の力で 20° 上向きに引っ張っている。箱が 3.0 m 移動したとき，(a) 作業員の力が箱にした仕事はいくらか？ (b) 重力が箱にした仕事はいくらか？ (c) 床からの垂直抗力が箱にした仕事はいくらか？ (d) 箱になされた正味の仕事はいくらか？

図 7-3

7 運動エネルギーと仕事

ひもに加えた力が缶にする仕事はいくらか？ (d) 重力が缶にする仕事はいくらか？

7-7 長さ1.5 m,高さ0.91 mの摩擦のない斜面を使って45 kgの氷の固まりを降ろす。作業員が斜面に平行な力で氷を押し続けたため,氷は等速で滑り降りた。(a) 作業員が加えた力の大きさはいくらか？ (b) 作業員の力が氷にした仕事はいくらか？ (c) 重力が氷にした仕事はいくらか？ (d) 斜面から受ける垂直抗力が氷にした仕事はいくらか？ (e) 正味の力が氷にした仕事はいくらか？

7-8 海上に着水した72 kgの宇宙飛行士をヘリコプターがロープで吊り,$g/10$の加速度で15 m引き上げた。(a) ヘリコプターから受ける力によって,(b) 重力によって,この宇宙飛行士になされた仕事はいくらか？ ヘリコプターまで引き上げられたとき,宇宙飛行士の,(c) 運動エネルギーはいくらか？ (d) 速さはいくらか？

7-9 図7-4のように,ばね定数15 N/cmのばねの端に鳥かごが取り付けられている。(a) ばねを自然長から7.6 mm伸ばしたとき,ばねの力が鳥かごにする仕事はいくらか？ (b) ばねを更に7.6 mm伸ばすときにばねがする仕事はいくらか？

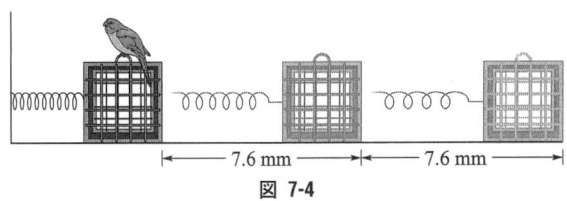

図 7-4

7-10 図7-5のように,250 gのブロックが鉛直に置かれたばね定数$k=2.5$ N/cmのばねの上に落ちてきた。ばねが自然長の状態から12 cm縮んで一瞬止まるまでの間に,(a) 重力がブロックにした仕事はいくらか？ (b) ばねがブロックにした仕事はいくらか？ (c) ブロックがばねに衝突する瞬間の速さはいくらか？ (d) 衝突時の速さが2倍になったとき,ばねの最大縮み量はいくらか？

7-11 図7-6は,x軸上を運動している10 kgの煉瓦ブロックの加速度を位置の関数として示している。ブロックが$x=0$から$x=8.0$ mまで運動する間に,加速度を生じさせている力がブロックにする正味の仕事はいくらか？

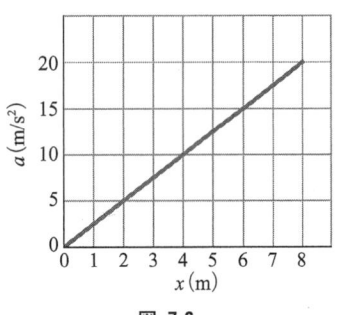

図 7-6

7-12 図7-7は,x軸上を運動している2.0 kgの物体に働く力を示している。物体の速度は$x=0$のとき4.0 m/sである。(a) $x=3.0$ mでの物体の運動エネルギーはいくらか？ (b) 物体が8.0 Jの運動エネルギーをもつのはどこか？ (c) $x=0$から$x=5.0$ mの間で,物体の運動エネルギーが最大になるのはどこか？

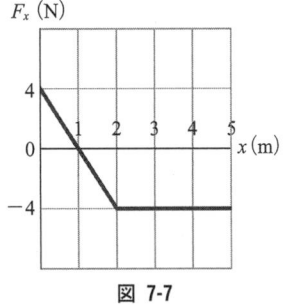

図 7-7

7-13 粒子に力$\vec{F}=(2x \text{ N})\hat{i}+(3 \text{ N})\hat{j}$ (xはメートル単位)が働き,$\vec{r}_i=(2\text{m})\hat{i}+(3\text{m})\hat{j}$から$\vec{r}_f=-(4\text{m})\hat{i}-(3\text{m})\hat{j}$まで移動した。この間に力がした仕事はいくらか？

7-14 乗客を乗せたエレベーター(全質量3.0×10^3 kg)が一定の速さで23秒間に210 m上昇した。この間にエレベーターを吊っているケーブルがエレベーターにする平均の仕事率はいくらか？

7-15 初めに静止していた15 kgの物体に5.0 Nの力が

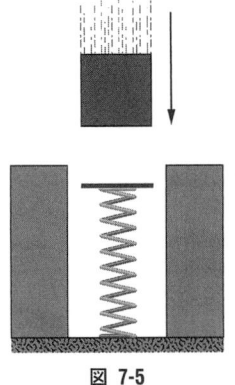

図 7-5

働いている．(a) 最初の1秒間に，(b) 次の1秒間に，(c) その次の1秒間に，この力がする仕事はいくらか？(d) 初めから3秒後の瞬間仕事率はいくらか？

7-16 広い倉庫の中で荷物を移動するのに一定の速さ 0.5 m/s で動くベルトコンベヤーが使われている．途中に，傾斜角 10°の上り部分 2.0 m，平坦部分 2.0 m，傾斜角 10°の下り部分 2.0 m が連続している．ベルトの上に載った 2.0 kg の荷物が，滑らないでこの部分を通過するとき，(a) 上り部分で，(b) 平坦部分で，(c) 下り部分で，ベルトコンベヤーの力が荷物にする仕事率はいくらか？

7-17 $t=0$ で静止していた 2.0 kg の物体が，一定の水平加速度で加速して $t=3.0$ s のときに速さ 10 m/s に達した．(a) この3秒間に加速させた力が物体にした仕事はいくらか？ (b) $t=3.0$ s での仕事率はいくらか？ (c) $t=1.5$ s での仕事率はいくらか？

8
ポテンシャルエネルギーとエネルギー保存

8-1 図 8-1 のように，窓から手を出して落とした 2.00 kg の教科書を，10.0 m 下の地面に立っている友人が地上 1.50 m の高さで受け取った．(a) 教科書が落下中に重力が教科書にする仕事 W_g はいくらか？ (b) 教科書が落下している間の教科書-地球系の重力ポテンシャルエネルギーの変化量 ΔU はいくらか？ 教科書-地球系の重力ポテンシャルエネルギー U の原点を地面の高さにとると，(c) 教科書を放した位置での U はいくらか？ (d) 友人が受け取った位置での U はいくらか？ 地上での U を 100 J としたとき，(e) W_g はいくらか？ (f) ΔU はいくらか？ (g) 教科書を放した位置での U はいくらか？ (h) 友人が受け取った位置での U はいくらか？

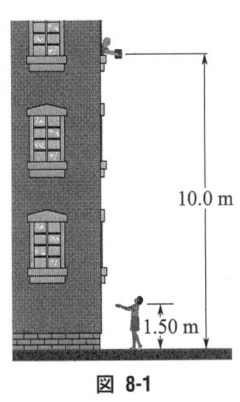

図 8-1

8-2 図 8-2 のように，質量 m で摩擦のないジェットコースターが最初の山の頂上を速さ v_0 で通過した．ここから，(a) A 点まで，(b) B 点まで，(c) C 点まで，進む間に重力によってなされる仕事はいくらか？ ジェットコースター-地球系の重力ポテンシャルエネルギーの原点を C 点にとると，(d) B 点での値はいくらか？ (e) A 点での値はいくらか？ (f) 質量 m が 2 倍になったら A 点から B 点までの重力ポテンシャルエネルギーの変化量は増えるか，減るか，変わらないか？

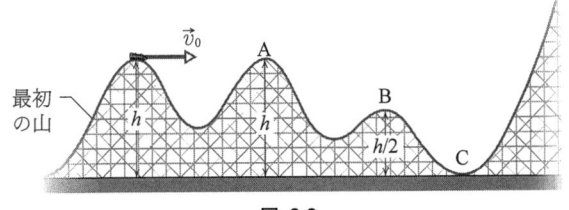

図 8-2

8-3 図 8-3 のように，質量 m のボールが長さ L で質量を無視できる細い棒の先につけられている．棒の他端は固定されていてボールは鉛直面内で円軌道を描く．棒

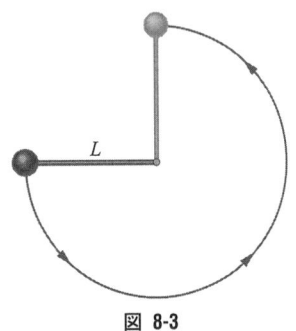

図 8-3

を水平にした状態で下向きに初速を与えてボールを放したところ，ボールはちょうど真上で止まった．最初の水平位置から (a) 最下点まで，(b) 最高点まで，(c) 右側で棒が水平になる点，までに重力がボールにする仕事はいくらか？ 最初の位置をボール-地球系の重力ポテンシャルエネルギーの原点にとると，(d) 最下点での値はいくらか？ (e) 最高点での値はいくらか？ (f) 右側で棒が水平になる点での値はいくらか？ (g) ボールが最高点を通過するように，より大きな初速を与えると，最下点から最高点までの重力ポテンシャルエネルギーの変化量は増えるか，減るか，変わらないか？

8-4 (a) 問題 8-1 で友人が教科書を受け取ったときの教科書の速さはいくらか？ (b) 2 倍の質量をもつ教科書の落としたら，この速さはどうなるか？ (c) 教科書を下向きに投げ出したら (a) の答えは増えるか，減るか，変わらないか？

8-5 (a) 問題 8-3 で最高点での速さがゼロになるような初速はいくらか？ このとき，(b) 最下点での速さはいくらか？ (c) 右側で棒が水平になる点での速さはいくらか？ (d) ボールの質量が 2 倍になると (a) から (c) の答えは増えるか，減るか，変わらないか？

8-6 問題 8-2 で，(a) A 点での，(b) B 点での，(c) C 点での，ジェットコースターの速さはいくらか？ (d) 最後の上り坂をどこまで登ることができるか？(この坂は十分に高いものとする．) (e) ジェットコースターの質量が 2 倍になったら (a) から (c) の答えはどうなるか？

8-7 図 8-4 のように 8.00 kg の石をばねの上に載せる

17

と，ばねは 10 cm だけ縮んだ．
(a) ばね定数はいくらか？
(b) ばねを更に 30 cm 縮めてから石を放した．放す直前のばねの弾性ポテンシャルエネルギーはいくらか？ (c) 石が放されてから最高点に達するまでの，石-地球系の重力ポテンシャルエネルギーの変化量はいくらか？ (d) 石が放された点から最高点までの高さはいくらか？

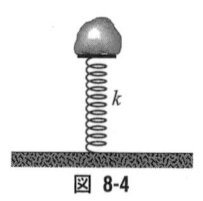
図 8-4

8-8 図 8-5 のような長さ L の振り子があり，振れ角が θ_0 のときの錘の速さを v_0 とする．(a) 最下点での錘の速さを表す式を導きなさい．(b) 振り子が反対側に振れて錘が水平に達するために必要な速さ v_0 はいくらか？ (c) ひもがぴんと張った状態のまま錘が真上に達するために必要な速さ v_0 はいくらか？ (d) θ_0 を少しだけ増やしたら (b) と (c) の答えは増えるか，減るか，変わらないか？

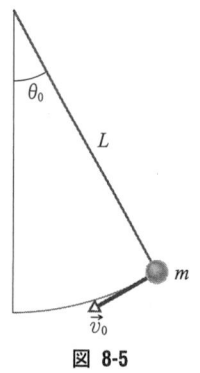
図 8-5

8-9 図 8-6 のように，摩擦のない傾斜角 30° の斜面の上で静止していた 12 kg のブロックを静かに放した．斜面の下方には，270 N の力で 2.0 cm だけ縮むようなばねが置かれている．ブロックは，ばねが 5.5 cm 縮んだところで一瞬止まった．(a) ブロックは放された位置から止まるまでに斜面をどれだけ滑り落ちたか？ (b) ブロックがばねにぶつかったときの速さはいくらか？

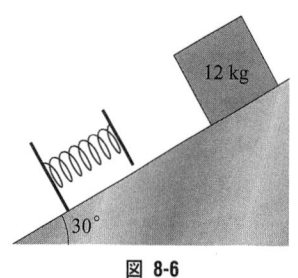
図 8-6

8-10 Bobby と Rhoda がばね鉄砲で遊んでいる．図 8-7 のように，摩擦を無視できるテーブルの上のばね鉄砲からビー玉を打ち出して，テーブルの端から 2.20 m 離れた位置に置かれた箱に当てようとしている．Bobby がばねを 1.10 cm 縮めて発射したところ，ビー玉は標的より 27.0 cm 手前に落ちた．Rhoda がビー玉を標的に当てるためにはばねをどれだけ縮めたらよいか？

8-11 長さ L で質量を無視できる棒がある．一端が固

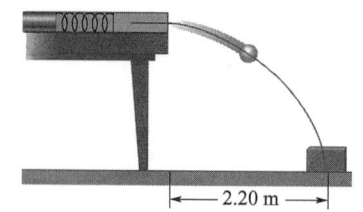
図 8-7

定され，他端には質量 m のボールがついている．この振り子をボールが真上に来る状態で止めてから静かに放した．最下点での，(a) ボールの速さはいくらか？ (b) 棒の張力はいくらか？ (c) 振り子を今度は水平状態から静かに放した．棒の張力がボールの重さと等しくなるのはどこか？ ボールの位置は鉛直下向きからの角度で測る．

8-12 図 8-8 のように，鎖が 1/4 だけたれ下がった状態で摩擦のないテーブルの上に押さえられている．鎖の長さを L，質量を m とする．鎖を引っ張ってたれ下がった部分をすべてテーブルの上に載せるために必要な仕事はいくらか？

図 8-8

8-13 図 8-9 のように，少年が半径 R の半球の形をした氷の小山の上に座っている．氷の摩擦がないとすると，初速ゼロで滑り出した少年は高さ $2R/3$ の位置で氷から離れることを示しなさい．(ヒント：氷を離れるときの垂直抗力はゼロ．)

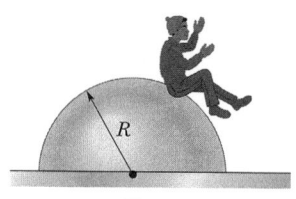
図 8-9

8-14 水素分子 H_2 や酸素分子 O_2 のような 2 原子分子のポテンシャルエネルギーは，r を 2 原子間の距離として
$$U = \frac{A}{r^{12}} - \frac{B}{r^6}$$
で表される；A と B は正の定数．このポテンシャルエネルギーは 2 原子を結合させる力と関係している．(a) 2 原子がつり合った状態 (力が働かない状態) での距離を導きなさい．(b) 距離を狭めたとき，(c) 距離を広げた

8 ポテンシャルエネルギーとエネルギー保存

とき，力は反発力となるか，引力となるか？

8-15 水平な床の上に置かれた 3.57 kg のブロックにロープを結び，15.0°上向きに 7.68 N の力で引っ張り，ブロックを一定の速さで 4.06 m だけ移動させる．(a) ロープの力がする仕事はいくらか？ (b) ブロック-床系の熱エネルギーの増加はいくらか？ (c) ブロックと床の間の動摩擦係数はいくらか？

8-16 松の木に登った 25 kg の熊が，12 m の高さでじっとした状態から滑り落ちて，速さ 5.6 m/s で地面に達した．(a) 熊が滑り落ちる間の，熊-地球系の重力ポテンシャルエネルギーの変化量はいくらか？ (b) 地面に落ちる直前の熊の運動エネルギーはいくらか？ (c) 滑り落ちる熊に働いた摩擦力の平均値はいくらか？

8-17 スキーのジャンプ台から速さ 24 m/s で 25°上向きに飛び出した選手が，空気抵抗のため，踏み切り地点から 14 m 下に 22 m/s の速さで着地した．踏み切りから着地までの間に選手-地球系が空気抵抗のために失った力学的エネルギーはいくらか？

8-18 ばね定数 640 N/m のばねで加速された 3.5 kg のブロックが，ばねが自然長になったところでばねから離れ（図 8-10），動摩擦係数が 0.25 の水平面を 7.8 m 進んでから止まった．(a) ブロック-床系の熱エネルギーの増加量はいくらか？ (b) ブロックの最大運動エネルギーはいくらか？ (c) 最初にばねはどれだけ縮められたか？

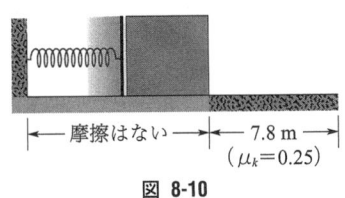

図 8-10

8-19 フックの法則に従わないばねもある．このばねを距離 x（メートル単位）だけ伸ばしたときに，伸びと反対向きに及ぼす力の大きさ（ニュートン単位）が $52.8x + 38.2x^2$ で表されるとする．(a) このばねを $x = 0.500$ m から $x = 1.00$ m まで伸ばすのに必要な仕事はいくらか？ (b) このばねの一端を固定し，他端に質量 2.17 kg の物体を取り付け，$x = 1.00$ m まで伸ばしてから粒子を静かに放した．$x = 0.500$ m に戻ったときの粒子の速さはいくらか？ (c) このばねが及ぼす力は保存力かどうか説明しなさい．

8-20 図 8-11 のように，2.5 kg のブロックがばね定数 320 N/m のばねにぶつかり，ばねが 7.5 cm 縮んだところで止まった．ブロックと水平面の間の動摩擦係数は 0.25 である．ブロックがばねにぶつかってから止まるまでの間の，(a) ばねの力がする仕事はいくらか？ (b) ブロック-床系の熱エネルギーの増加量はいくらか？ (c) ブロックがばねにぶつかる瞬間のばねの速さはいくらか？

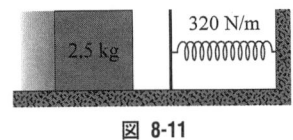

図 8-11

8-21 図 8-12 のように，1800 kg のエレベーターが 2 階に停止しているときにエレベーターを吊っているケーブルが切れた．このとき，エレベーターの底は，ばね定数が $k = 0.15$ MN/m の衝撃緩衝用ばねから距離 $d = 3.7$ m の位置にあった．安全装置がガイドレールを締め付けたため，エレベーターの落下を妨げるように 4.4 kN の摩擦力が生じた．(a) エレベーターがばねに衝突する瞬間の速さはいくらか？ (b) ばねの最大縮み量はいくらか？（ばねが縮んでいる間も摩擦力は働いている．）(c) エレベーターは最下点に達したあとどれだけ跳ね上がるか？ (d) エネルギー保存則を使ってエレベーターが止まるまでに動く距離を求めなさい．（エレベーターが止まっているときの摩擦力は無視できると仮定する．）

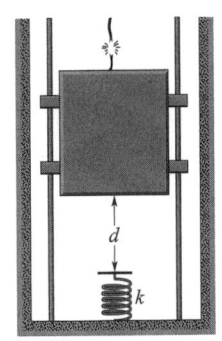

図 8-12

8-22 図 8-13 のように，1.2 m/s で動いているベルトコンベヤー（モーターの力により速さは一定に保たれている）の上に 300 kg の箱が落とされる．ベルトと箱の間の動摩擦係数は 0.400 である．最初はベルトの上を滑っていた箱が，しばらくすると滑らなくなり，ベルトと同じ速さで運ばれる．(a) 箱に供給される運動エネルギーはいくらか？ (b) 箱に働く動摩擦力はいくらか？ (c) モーターから供給されるエネルギーはいくらか？ (d) (a) と (c) の答えが違うのはなぜか？

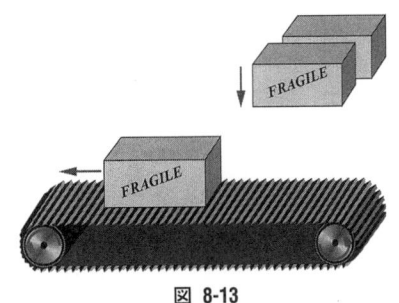

図 8-13

9

粒子系

9-1 (a) 地球-月系の質量中心は地球の中心からどれだけ離れているか？ (b) この距離は地球の半径を単位にするといくらか？

9-2 図9-1のような3粒子系の質量中心の，(a) x 座標はいくらか？ (b) y 座標はいくらか？ (c) 一番上の粒子($x=1$m, $y=2$m の位置)の質量が徐々に大きくなるとき質量中心の位置はどのように変わるか？

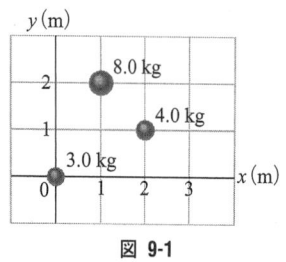

図 9-1

9-3 図9-2のように，3本の細い棒がU字形になっている。左右の棒の質量は M，上の棒は $3M$ である。このU字形物体の質量中心はどこか？

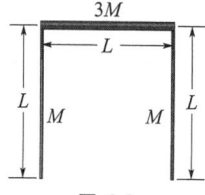

図 9-2

9-4 図9-3のように，1辺が 6m の正方形の板(中心は $x=0$, $y=0$)から1辺が 2m の平方形(中心は $x=2$m, $y=0$)が切り取られている。この板の質量中心の，(a) x 座標はいくらか？ (b) y 座標はいくらか？

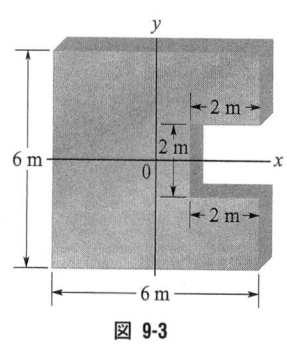

図 9-3

9-5 図9-4のように，アンモニア分子(NH₃)では3個の水素原子(H)が正三角形を作っている；三角形の中心から各水素原子までの距離は 9.40×10^{-11}m である。窒

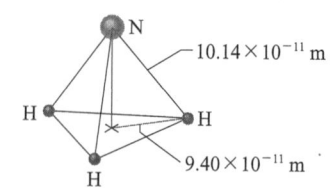

図 9-4

素原子(N)は3個の水素原子が作る三角形を底面としたピラミッドの頂点に位置している。窒素原子の質量は水素原子の13.9倍，窒素原子と水素原子の距離は 10.14×10^{-11}m である。アンモニア分子の質量中心はどこか？窒素原子の位置を基準にして答えなさい。

9-6 図9-5のように，質量 M の気球から垂れ下がった縄ばしごに，質量 m の男がつかまっている。気球は高度を一定に保っている。(a) 男が速さ v (縄ばしごに対して)で縄ばしごを上り始めると，気球はどちらの向きに(地面に対して)いくらの速さで動くか？ (b) 男が上るのをやめたらどうなるか？

図 9-5

9-7 図9-6のように，弾頭が初速 20 m/s で上向き 60° に発射された。最高点に達したところで弾頭は質量の等しい2つの破片に分裂した。破片のひとつは分裂後の速度がゼロとなり，真っ直ぐに落ちてきた。もうひとつの破片の着地点は発射点からどれだけ離れているか？ 地面は水平で，空気抵抗は無視できる。

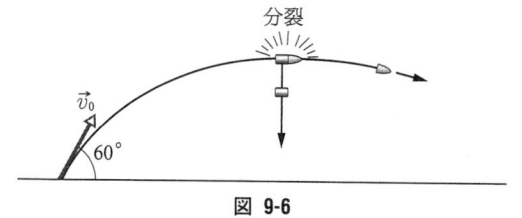

図 9-6

9-8 図9-7のように，2つの砂糖の容器が，直径 50 mm の滑車を通して細いひもでつながっている。摩擦は

なく，滑車とひもの質量は無視できる。最初2つの容器は同じ高さにあり，質量はどちらも500 g である。(a) 2つの容器の質量中心の水平方向の位置はどこか？ (b) 20 g の砂糖を一方の容器から他方へ移した。容器は動かないように支えられている。この状態の質量中心の水平方向の位置はどこか？軽い方の容器の中心を基準に答えなさい。(c) 2つの容器を放すと質量中心はどちら向きに動くか？ (d) 質量中心の加速度はいくらか？

図 9-7

9-9 図9-8aのように，18 kg のボートに 4.5 kg の犬が乗っている。岸から 6.1 m 離れた位置にいた犬が，ボートの上を岸に向かって 2.4 m 進んでから止まった。犬は岸からどれだけ離れているか？ ボート水の間の摩擦はないものとする。（ヒント：図9-8bを見よ。ボート-犬系の質量中心は動くだろうか？）

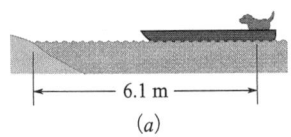

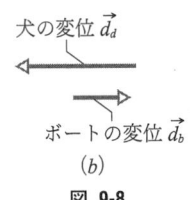

図 9-8

9-10 速さ 16 km/h で走っている 2650 kg のキャデラックと，(a) 同じ運動量，(b) 同じ運動エネルギー，をもつためには，816 kg のフォルクスワーゲンのビートルはどれだけの速さで走らなければならないか？

9-11 質量 250 kg の気象ロケットがレーダーで捉えられ，その位置ベクトルが $\vec{r} = (3500 - 160t)\hat{i} + 2700\hat{j} + 300\hat{k}$ で与えられた（r はメートル，t は秒単位）。このレーダー基地では $+x$ が東，$+y$ が北，$+z$ が鉛直上向きを表す。この気象ロケットの，(a) 運動量，(b) 運動の向き，(c) この気象ロケットに働く正味の力，を求めなさい。

9-12 有人ロケットの上昇速度が 4300 km/h に達したときエンジンの燃料が燃え尽きた。このエンジンを切り離し，司令船に対して速さ 82 km/h で後方に射出した。切り離したエンジンの質量は司令船の4倍である。切り離し後の司令船の地球に対する速さはいくらか？

9-13 図9-9のような重さ W の貨車が，平坦なレールの上を摩擦なしで動いている。男は最初，速さ v_0 で右向きに動いている貨車の上に立っていた。男が左向きに貨車に対して v_{rel} で走ると貨車の速度はどれだけ変化するか？

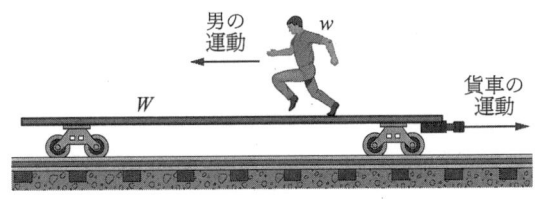

図 9-9

9-14 人工衛星を軌道に投入する最終段階のロケットが，速さ 7600 m/s で飛行している。質量 290.0 kg のエンジンと質量 150.0 kg の衛星を結合していた留め金がはずされ，ばねの作用により相対速度 910.0 m/s でエンジンが切り離された。すべての物体は同一直線上を運動する。切り離し後の，(a) エンジンの速さはいくらか？ (b) 衛星の速さはいくらか？ (c) 切り離し前の全運動エネルギーはいくらか？ (d) 切り離し後の全運動エネルギーはいくらか？ 切り離し前後で異なる理由も説明しなさい。

9-15 外力を受けずに，速さ 2.0 m/s で運動している 8.0 kg の物体が，内部の爆発によって 4.0 kg の2つの破片に分裂した。爆発によって 16 J のエネルギーが2つの破片の運動エネルギーに与えられた。すべての物体は同一直線上を運動する。分裂後の2つの破片の速度を求めなさい。

9-16 深宇宙を航行中の宇宙船があり，ある基準系で見ると静止している。この宇宙船の質量は 2.55×10^5 kg，このうち 1.81×10^5 kg は燃料である。ロケットを 250 秒間噴射して 480 kg/s の割合で燃料を消費した。排気物のロケットに対する速さは 3.27 km/s である。(a) ロケットの推力はいくらか？ 250 秒間の噴射の後，(b) ロケットの質量はいくらか？ (c) ロケットの速さはいくらか？

9-17 穀物倉庫の下を一定の速さ 3.2 m/s で走行中のホッパー車（穀物運搬用貨車）に穀物が 540 kg/min の割合で次々に積み込まれている。この貨車を一定の速度に保つために必要な力の大きさはいくらか？ 摩擦は無視できるものとする。

9-18 図9-10のように，流れのない水面を2艘の艀が同じ向きに速さ 10 km/h と 20 km/h で航行している。2艘が並んだところで積み荷の石炭をシャベルで遅い方の

艀から速い方の艀に 1000 kg/min の割合で積み替える。(a) 速い方の艀について，(b) 遅い方の艀について，艀の速さを一定に保つために必要なエンジンの力はいくらか？ 石炭は真横に移されるものとし，艀と水の間の摩擦は艀の質量にはよらないものとする。

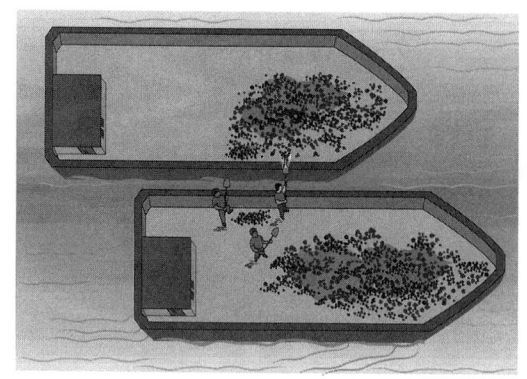

図 9-10

9-19 重さ 670 N の短距離走者がスタートから一定の加速度でダッシュして最初の 7.0 m を 1.6 s で走った。スタートから 1.6 秒後の，(a) 走者の速さはいくらか？ (b) 運動エネルギーはいくらか？ (c) スタートから 1.6 秒間の走者の平均パワーはいくらか？

9-20 水から受ける抵抗力の平均値が 110 N であるとき，平均スピード 0.22 m/s で泳ぐために必要なパワーはいくらか？

9-21 質量 55 kg の人が，かがんだ体勢(質量中心は地上から 40 cm の高さ)から飛び上がった。質量中心が 90 cm の高さになったときに足が地面から離れ，質量中心は 120 cm の高さまで達した。(a) 足が地面から離れるまでの間にこの人が地面から受ける力の平均値はいくらか？ (b) この人の最大スピードはいくらか？

9-22 出力パワー 1.5 MW の機関車に牽引された列車の速さが，6 分間に 10 m/s から 25 m/s まで増えた。(a) 列車の質量はいくらか？ (b) この 6 分間の列車の速さと，(c) 列車を加速する力を，時間の関数として表しなさい。(d) この 6 分間に列車どれだけ進んだか？

10

衝　突

10-1 アメリカ国家運輸安全委員会では新車の耐衝撃性能を試験している。2300 kg の自動車を 15 m/s で壁に衝突させたところ 0.56 s で停止した。この衝突で自動車が受けた力の平均値の大きさはいくらか？

10-2 床に向かって 1.2 kg の球を真下に投げたところ，球は 25 m/s で床に当たり，10 m/s で跳ね返った。(a) ボールが床と接触している間に受けた力積はいくらか？ (b) ボールと床の接触時間が 0.020 s であったとすると，ボールが床に及ぼした力の大きさの平均値はいくらか？

10-3 10 kg の物体に加えられる力の大きさが 4.0 秒間にゼロから 50 N まで増加した。最初静止していたこの物体の 4 秒後の速さはいくらか？

10-4 図 10-1 は，58 g のスーパーボールが壁に当たったときに受ける力の大きさを時間の関数として示している。ボールは 34 m/s で壁に垂直に当たり，反対向きに同じ速さで跳ね返った。この衝突でボールが受ける力の大きさの最大値 F_{max} はいくらか？

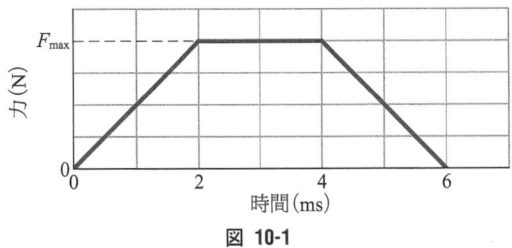

図 10-1

10-5 図 10-2 は，300 g のボールが $v=6.0$ m/s, $\theta=30°$ で壁に当たり，同じ速さで跳ね返る様子を上から見たものである。ボールと壁の接触時間は 10 ms である。(a) ボールが壁から受ける力積はいくらか？ (b) 壁がボールから受ける力の平均値はいくらか？

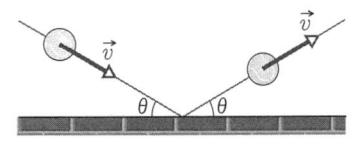

図 10-2

10-6 教科書の図 10-1a のクレーターは，約 20,000 年前に 5×10^{10} kg の隕石が 7200 m/s で地球に衝突して作られたと考えられている。この衝突が正面衝突であったとすると，地球の速さはどれだけ変化したか？

10-7 秤の上に載った箱に，高さ h からビー玉を次々に落としていく。この秤の目盛りは質量の単位で表示され，箱が空のときの読みがゼロとなるように調整されている。ビー玉の質量を m，ビー玉を落とす割合を R（ビー玉/秒）とする。ビー玉と秤またはビー玉どうしの衝突は完全非弾性衝突である。(a) ビー玉を落とし始めたときの時刻を $t=0$ として，その後の時刻 t での秤の読みを求めなさい。(b) $R=100$ s^{-1}，$h=7.60$ m，$m=4.50$ g とするとき，$t=10.0$ s での秤読みはいくらか？

10-8 図 10-3 のように，5.0 kg のブロックに 10 g の弾丸が 1000 m/s で真下から当たり，ブロックの質量中心を貫通して，400 m/s でブロックから真上に飛び出した。このときブロックは最大どれだけ跳ね上がるか？

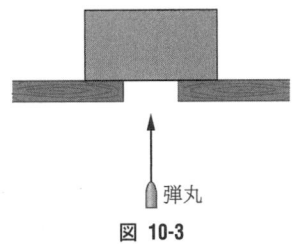

図 10-3

10-9 図 10-4 のように，摩擦のないテーブルの上を $m_1=2.0$ kg のブロックが 10 m/s で動いている。その前方を $m_2=5.0$ kg のブロックが 3.0 m/s で同じ向きに動いている。前方のブロックには，ばね定数 $k=1120$ N/m のばね（質量は無視できる）が取り付けられている。2 つのブロックが衝突するとき，ばねの縮み量は最大いくらか？（ヒント：ばねが最も縮んだとき，2 つのブロックは同じ速さで運動する。）

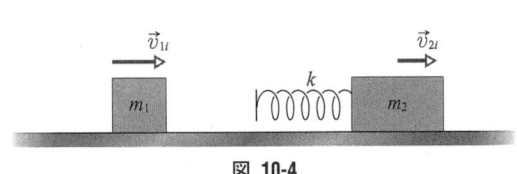

図 10-4

10-10 静止した水素原子に電子が衝突した。衝突が1次元の弾性衝突であったとすると，電子の初期運動エネルギーのうち，どれだけの割合が衝突後の水素の運動エネルギーになったか？

10-11 図10-5のように，宇宙探査機ボイジャー2号（質量 m，太陽に対する速さ $v=12$ km/s）が木星（質量 M，太陽に対する速さ $V_J=13$ km/s）に接近した後，木星の周りを回って反対向きに飛行を続けた。この状況を衝突と考えて，木星から離れていく探査機の速さ（太陽に対する）を求めなさい。探査機の質量は木星の質量に比べて十分に小さい。

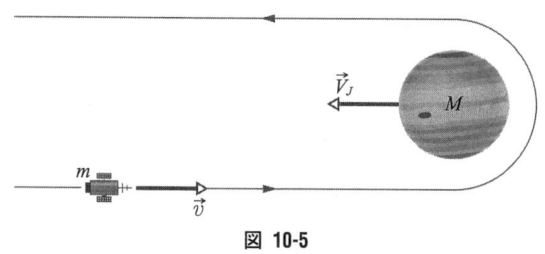

図 10-5

10-12 同じ速さで反対向きに運動していた2つのチタン製の球が正面衝突した。衝突後，片方の球（質量300 g）は静止した。衝突が弾性衝突であったとすると，(a) もう一方の球の質量はいくらか？ (b) 衝突前の球の速さを 2.0 m/s とすると，2つの球の質量中心の速さはいくらか？

10-13 図10-6のように，壁に押しつけられた机の上に質量 m_1 のブロック1と質量 m_2 のブロック2が置か

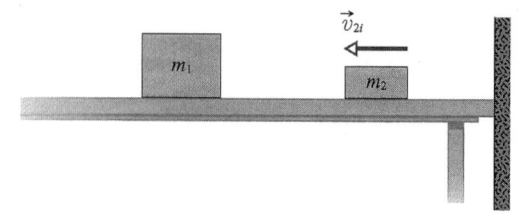

図 10-6

れている。ブロック2を初速 v_{2i} で左向きに送り出したところ，ブロック1と衝突後に壁と衝突して跳ね返され，2つのブロックの速度が同じになった。m_2 を m_1 を用いて表しなさい。衝突はすべて弾性衝突で，机の上の摩擦はなく，壁の質量は無限大と考える。

10-14 静止した酸素原子核にアルファ粒子が衝突した。アルファ粒子は入射方向から 64.0° の方向に散乱され，酸素原子核は速さ 1.20×10^5 m/s で $-51.0°$ の方向に散乱された。(a) 散乱後のアルファ粒子の速さはいくらか？ (b) 入射したアルファ粒子の速さはいくらか？（原子質量単位でアルファ粒子の質量は 4.0 u，酸素原子核の質量は 16 u である。）

10-15 同じ速さ，同じ質量をもつ2つの物体が完全非弾性衝突をして衝突後の速さが衝突前の半分になった。2つの物体はどのような角度で衝突したか？

10-16 静止した重陽子に中性子が弾性衝突して，中性子は 90° の方向に散乱された。このとき中性子が衝突前にもっていた運動エネルギーの 2/3 が重陽子に与えられることを示しなさい。（原子質量単位で中性の質量は 1.0 u，重陽子の質量は 2.0 u である。）

11

回 転

11-1 時計の針の角速度の大きさを求めなさい。針はスムーズに動くものとする。(a) 秒針, (b) 分針(長針), (c) 時針(短針)。

11-2 太陽は銀河系の中心から 2.3×10^4 ly(光年)の距離にあり, 250 km/s の速さで銀河中心のまわりを円運動している。(a) 太陽が銀河系を1周するのにどれだけ時間がかかるか？ (b) 太陽が誕生してからの 4.5×10^9 年間に太陽は銀河系を何周したか？

11-3 回転している車輪上の点の回転角が $\theta = 2 + 4t^2 + 2t^3$ で与えられる(θ はラジアン, t は秒単位)。(a) $t=0$ での回転角はいくらか？ (b) $t=0$ での角速度はいくらか？ (c) $t=4.0$ s での角速度はいくらか？ (d) $t=2.0$ s での角加速度はいくらか？ (e) 角加速度は一定か？

11-4 図 11-1 のように, 8本のスポークをもつ半径 30 cm の車輪が, 固定軸のまわりに 2.5 rev/s で回転している。長さ 20 cm の矢を車軸に平行に射て, 車輪のどこにも当たらずにスポークの間を通したい。矢もスポークも十分に細いと仮定する。(a) 矢のスピードは最低いくらか？ (b) 車軸とリムの間のどこをねらうべきか？

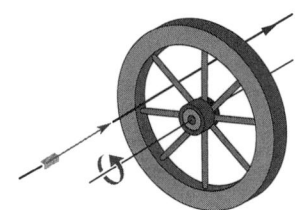

図 11-1

11-5 車のエンジンの角速度の大きさが, 12秒間に 1200 rev/min から 3000 rev/min まで一定の割合で上がった。(a) 角加速度はいくらか？(rev/min² の単位で求めなさい。) (b) この12秒間にエンジンは何回転したか？

11-6 静止した円盤が中心軸のまわりに回転を始め, 等角加速度で 5.0 秒間に 25 rad 回転した。この 5.0 秒間の, (a) 角加速度はいくらか？ (b) 平均角速度はいくらか？ (c) 回転を始めてから 5.0 秒後の角加速度はいくらか？ (d) 同じ角加速度で回転を続けたとすると, 次の 5 秒間に円盤はどれだけ回転するか？

11-7 一定の角加速度 3.0 rad/s² で回転している車輪が 4.0 秒間に 120 rad だけ回転した。車輪が静止状態から回転を始めたとすると, この 4.0 秒間の初めまでに回転していた時間はいくらか？

11-8 静止した円盤が中心軸のまわりに等角加速度で回転を始めた。ある時刻に 10 rev/s だった角速度の大きさが 60 回転後に 15 rev/s になった。(a) 角加速度はいくらか？ (b) この 60 回転にかかる時間はいくらか？ (c) 回転開始から角速度の大きさが 10 rev/s に達するまでにかかる時間はいくらか？ (d) この間に円盤は何回転するか？

11-9 50 km/h のスピードで半径 110 m のカーブを曲がっている車の角速度の大きさはいくらか？

11-10 宇宙飛行士が遠心装置で訓練を受けている。この装置の半径は 10 m で, $\theta = 0.30t^2$ に従って回転する(θ はラジアン, t は秒単位)。$t=5.0$ s のとき, (a) 飛行士の角速度の大きさはいくらか？ (b) 速さはいくらか？ (c) 接線方向の加速度はいくらか？ (d) 半径方向の加速度はいくらか？

11-11 その昔, 光の速さを測定するために回転歯車が用いられた。図 11-2 のように, 歯の谷の部分を通過した光線は遠く離れた鏡で反射して, 次の谷がくるときに戻ってくる。半径 5.0 cm, 歯数 500 の歯車を使い, $L=500$ m で実験したところ光速として 3.0×10^5 km/s が得られた。(a) 歯車の角速度の大きさ(一定とする)はいくらか？ (b) 歯の速さはいくらか？

11-12 (a) 北緯 40 度の地表面の点の, 地軸のまわりの角速度の大きさ ω はいくらか？ (b) この地点の速さ v はいくらか？ (c) 赤道上での ω はいくらか？ (d) 赤道上での v はいくらか？

11-13 パルサーは高速回転する中性子星である。灯台の信号灯のように放射される電波ビームは, 星が1回転するたびに電波のパルスとして観測される。パルスの間隔を測定して回転の周期 T が求められる。かに星雲(図

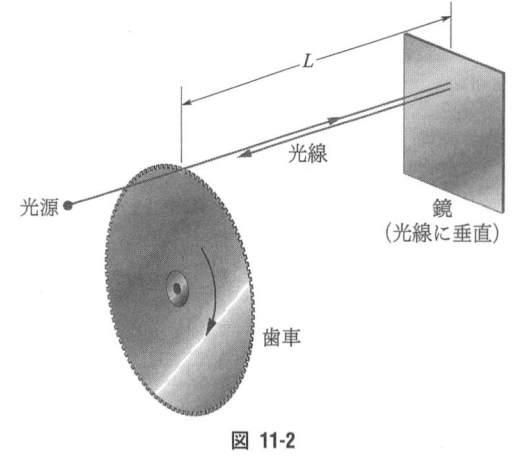

図 11-2

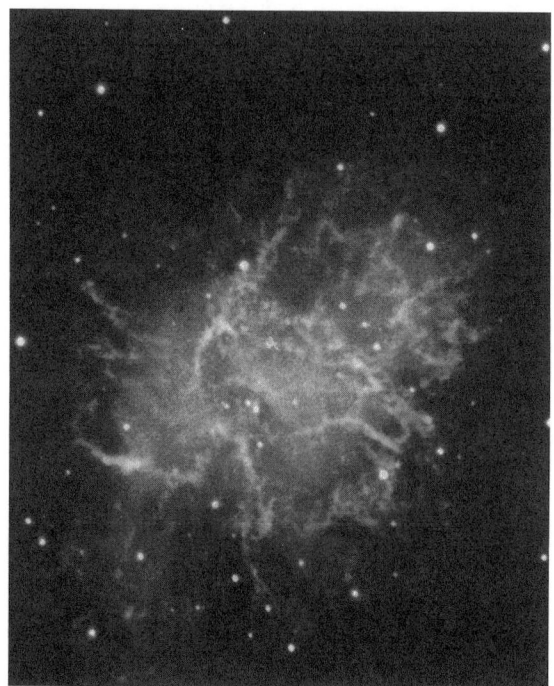

図 11-3 1054年の超新星爆発でつくられたカニ星雲。ガス状の残がいの中心で中性子星が回転している。この星の直径はたったの 30 km である。

11-3)にあるパルサーの回転周期は 1992 年当時 $T = 0.033$ s であり，1.26×10^{-5} s/y の割合で増加している。(a) パルサーの角加速度はいくらか？ (b) 角加速度が一定であるとすると，回転が止まるまでに何年かかるか？ (c) このパルサーは 1054 年に起きた超新星爆発によって誕生した。このときの周期はいくらか？（パルサーが誕生してから角加速度は一定であると仮定する。）

11-14 酸素分子 O_2 の質量は 5.30×10^{-26} kg, 2 つの酸素原子を結ぶ線の垂直 2 等分線のまわりの慣性モーメントは 1.94×10^{-46} kg·m², 回転運動エネルギーは質量中心の並進運動エネルギーの 2/3 である。気体中の酸素分子の質量中心の速さが 500 m/s であるとすると，この分子の質量中心のまわりの角速度の大きさはいくらか？

11-15 図 11-4 のような直径 1.21 m，長さ 1.75 m の円筒形の通信衛星があり，その質量は 1210 kg である（密度は一様であるとする）。この衛星をスペースシャトルの貨物室から打ち上げるとき，円筒軸のまわりに 1.52 rev/s の回転が与えられた。(a) この衛星の回転軸のまわりの慣性モーメントはいくらか？ (b) 回転運動エネルギーはいくらか？

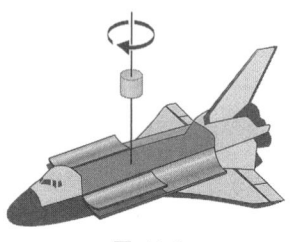

図 11-4

11-16 長さ 1 m，質量 0.56 kg の物差しがある。20 cm の目盛りを通り，物差しに垂直な軸のまわりの慣性モーメントはいくらか？（物差しを細い棒とみなすこと。）

11-17 図 11-5 のような，密度が一様で質量が M の剛体の直方体の板がある。辺の長さを a, b, c とするとき，板の広い面に垂直で，角を通るような軸のまわりの慣性モーメントを求めなさい。

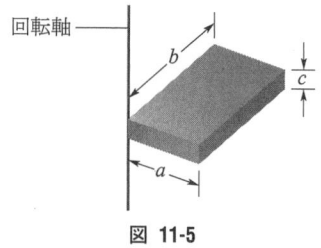

図 11-5

11-18 (a) 質量 M，半径 R の剛体円筒の中心軸のまわりの慣性モーメントは，質量 M，半径 $R/\sqrt{2}$ の細い輪の中心軸のまわりの慣性モーメントに等しいことを示しなさい。(b) 質量 M の物体が与えられたとき，ある軸のまわりの慣性モーメント I は，質量 M，半径 $k = \sqrt{I/M}$ の"等価な輪"のその軸のまわりの慣性モーメントに等しいことを示しなさい。この k を物体に等価な輪の回転半径（radius of gyration）という。

11-19 端が固定された長さ 1.25 m の棒（質量は無視で

きる)の先に質量 0.75 kg の小球が付いた振り子がある。この振り子が鉛直から 30° 振れているとき，固定点のまわりのトルクはいくらか？

11-20 図 11-6 のように，点 O を中心に回転できる物体に 2 つの力が働いている。(a) 点 O のまわりのトルクを表す式を求めなさい。(b) $r_1 = 1.30$ m, $r_2 = 2.15$ m, $F_1 = 4.20$ N, $F_2 = 4.90$ N, $\theta_1 = 75.0°$, $\theta_2 = 60.0°$ であるとき，点 O のまわりの正味のトルクはいくらか？

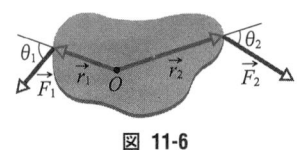

図 11-6

11-21 飛び込み選手が飛び込み板から踏み切るとき，選手の質量中心のまわりの角速度の大きさが，220 ms の間にゼロから 6.20 rad/s まで増えた。この選手の質量中心のまわりの慣性モーメントは 12.0 kg·m² である。(a) 踏み切りの間の平均角加速度の大きさはいくらか？ (b) 飛び込み板から選手に働くトルクの大きさはいくらか？

11-22 半径 1.90 m の薄い球殻がある。球殻の中心を通る軸のまわりに 960 N·m のトルクを加えてこの球殻に 6.20 rad/s² の角加速度を与えた。(a) この球殻の中心軸のまわりの慣性モーメントはいくらか？ (b) この球殻の質量はいくらか？

11-23 図 11-7 のように，$M = 500$ g と $m = 460$ g の 2 つのブロックがあり，半径 5.00 cm の摩擦のない滑車を通してひもでつながっている。ブロックを静かに放したところ，重い方のブロックが 5.00 s の間に 75.0 cm だけ下がった（滑車は滑らないと仮定する）。(a) ブロックの加速度の大きさはいくらか？ (b) 重い方のブロックを吊っているひもの張力はいくらか？ (c) 軽い方のブロックを吊っているひもの張力はいくらか？ (d) 滑車の角加速度の大きさはいくらか？ (e) 滑車の慣性モーメントはいくらか？

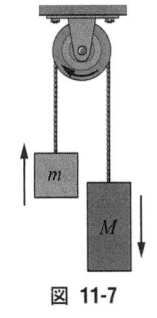

図 11-7

11-24 図 11-8 のように，同じ質量 m のブロックが，長さ $L_1 + L_2$ ($L_1 = 20$ cm, $L_2 = 80$ cm) で質量を無視できる細い剛体棒の両端に吊り下げられている。支点に支えられた棒を水平状態から静かに放すとき，(a) 支点に近い方の，(b) 支点から遠い方の，ブロックの加速度の大きさはいくらか？

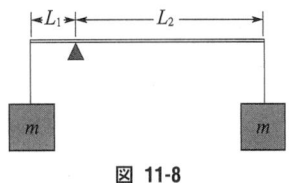

図 11-8

11-25 半径 1.20 m，質量 32.0 kg の車輪（細い輪とみなす）が 280 rev/min で回転している。(a) これを 15 s で止めるために必要な仕事はいくらか？ (b) 必要な平均仕事率（パワー）はいくらか？

11-26 図 11-9 のような質量 M，半径 R の一様な球殻が，中心軸のまわりに摩擦なしで回転する。赤道部分に質量を無視できるひもを巻き付けて，半径 r，慣性モーメント I の滑車を通し，質量 m の物体に結びつける。滑車の軸に摩擦はなく，ひもは滑らないものとする。この物体を静止状態から静かに放して h だけ落下させたときの速さを求めなさい（ヒント：エネルギーの保存則を使う）。

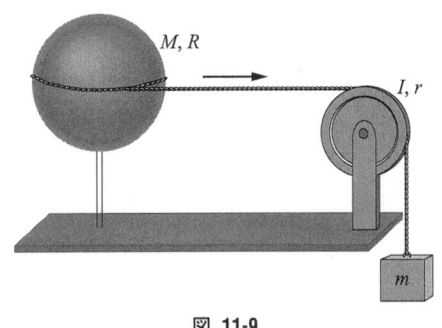

図 11-9

11-27 円筒形の高い煙突が，根本が壊れたために倒れた。煙突を長さ H の細い棒とみなし，鉛直からの角を θ とする。これらの量と g を使って，(a) 煙突の角速度の大きさを表す式を導きなさい。(b) 煙突の上端の加速度の動径成分を表す式を導きなさい。(c) 煙突の上端の加速度の接線成分を表す式を導きなさい。(d) (c) の接線成分が g と等しくなる θ はいくらか？

12

転がり，トルク，角運動量

12-1 直径 66 cm のタイヤを付けた自動車が，水平な道路を速さ 80 km/h で +x の向きに走っている。車のドライバーから見ると，(a) タイヤの中心の速度 v はいくらか？ (b) タイヤの中心の加速度の大きさ a はいくらか？ (c) タイヤの頂点の速度 v はいくらか？ (d) タイヤの頂点の加速度の大きさ a はいくらか？ (e) タイヤの最下部の速度 v はいくらか？ (f) タイヤの最下部の加速度の大きさ a はいくらか？

道路に座っているヒッチハイカーから見ると，(g) タイヤの中心の速度 v はいくらか？ (h) タイヤの中心の加速度の大きさ a はいくらか？ (i) タイヤの頂点の速度 v はいくらか？ (j) タイヤの頂点の加速度の大きさ a はいくらか？ (k) タイヤの最下部の速度 v はいくらか？ (l) タイヤの最下部の加速度の大きさ a はいくらか？

12-2 水平な床の上を 140 kg の輪が転がっている。質量中心の速さは 0.150 m/s である。この輪を止めるために必要な仕事はいくらか？

12-3 10 kg のタイヤを 4 本付けた自動車の全質量が 1000 kg であるとする。自動車の全運動エネルギーに対する，車軸のまわりのタイヤの回転運動エネルギーの割合はいくらか？ ただし，タイヤの慣性モーメントは，同じ質量，同じ大きさの円板と同じと仮定する。なぜタイヤの半径は関係しないのか？

12-4 一様な剛体球が斜面を転がっている。(a) 球の中心の加速度の大きさが $0.10\,g$ であるとき，斜面の傾きはいくらか？ (b) 同じ斜面を摩擦のないブロックが滑り落ちるときの加速度の大きさは $0.10\,g$ より大きいか，小さいか，同じか？ その理由も説明しなさい。

12-5 高さ h から静かに放された質量 m，半径 r のビー玉が，斜面を滑らずに転がっている(図 12-1)。(a) h をいくらにするとループの頂上でビー玉が面から離れるか？(ループの半径 R は r に比べて十分に大きいものとする。) (b) ビー玉を高さ $h=6R$ から放すと，点 Q でビー玉が受ける力の水平成分はいくらか？

12-6 半径 11 cm のボウリングの球を投げたところ，球は初速 $v_{\text{com},0}=8.5$ m/s，初期角速度の大きさ $\omega_0=0$ で

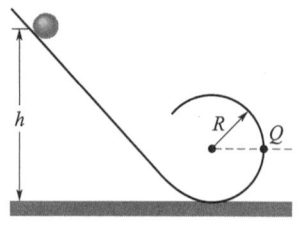

図 12-1

レーンの上を滑り始めた。球とレーンの間の動摩擦係数は 0.21 である。図 12-2 のように，球に働く動摩擦力 f_k により，球は加速度だけでなく，トルクによって角加速度をもつ。速さ v_{com} が十分に小さくなり，角速度の大きさ ω が十分に大きくなると，球は滑らずに転がるようになる。(a) このときの v_{com} を ω を用いて表しなさい。また，球が滑っている間の，(b) 加速度はいくらか？ (c) 角加速度はいくらか？ (d) 滑っている時間はいくらか？ (e) 滑る距離はいくらか？ (f) 転がり始めるときの球の速さはいくらか？

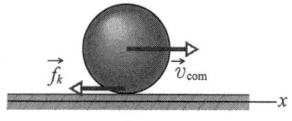

図 12-2

12-7 慣性モーメント 950 g·cm²，質量 120 g，軸の半径 3.2 mm，ひもの長さ 120 cm のヨーヨーがある。ひもを完全に巻き付けた状態からヨーヨーを静かに放すと，(a) 加速度の大きさはいくらか？ (b) 最下点に達するまでの時間はいくらか？ 最下点でのヨーヨーの，(c) 速さはいくらか？ (d) 並進運動エネルギーはいくらか？ (e) 回転運動エネルギーはいくらか？ (f) 角速度の大きさはいくらか？

12-8 前問のヨーヨーを静かに放すのではなく，初速 1.3 m/s で下向きに投げ出すと，(a) 最下点に達するまでの時間はいくらか？ 最下点でのヨーヨーの，(b) 全運動エネルギーはいくらか？ (c) 速さはいくらか？ (d) 並進運動エネルギーはいくらか？ (e) 角速度の大きさはいくらか？ (f) 回転運動エネルギーはいくらか？

12 転がり，トルク，角運動量

12-9 トルク $\vec{\tau}=\vec{r}\times\vec{F}$ は，$\vec{r}$ と $\vec{F}$ が作る面内に成分をもたないことを示しなさい．

12-10 位置 $\vec{r}=(3.0\,\mathrm{m})\hat{i}+(4.0\,\mathrm{m})\hat{j}$ にある粒子に力 $\vec{F}=(-8.0\,\mathrm{N})\hat{i}+(6.0\,\mathrm{N})\hat{j}$ が働いている．(a) この粒子に働く原点のまわりのトルクはいくらか？ (b) $\vec{r}$ と $\vec{F}$ の間の角はいくらか？

12-11 図12-3のように2つの物体が運動しているとき，点Oのまわりの全角運動量はいくらか？

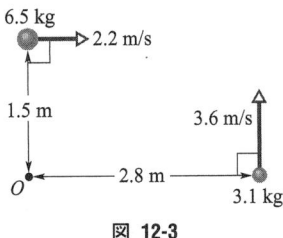

図 12-3

12-12 速度 $\vec{v}=5.0\hat{i}+5.0\hat{k}$ で運動している 0.25 kg の物体が位置 $\vec{r}=2.0\hat{i}-2.0\hat{k}$ を通過するときに，力 $\vec{F}=4.0\hat{j}$ が働いた(速度の単位は m/s，位置の単位は m，力の単位は N)．このとき，(a) 原点のまわりのこの物体の角運動量はいくらか？ (b) この物体に働いているトルクはいくらか？

12-13 それぞれ質量 m，速さ v をもつ2つの粒子が，距離 d だけ離れた平行線上を反対向きに運動している．(a) 平行線の中間点のまわりの2粒子系の角運動量の大きさ L を m, v, d で表しなさい．(b) 平行線の中間点でない点のまわりの角運動量の場合，この表式は変わるか？ (c) 一方の粒子の運動方向を反対向きにしたとき，(a)と(b)の答えはどうなるか？

12-14 速度 $\vec{v}=(5.0\,\mathrm{m/s})\hat{i}-(6.0\,\mathrm{m/s})\hat{j}$ で運動している 3.0 kg の粒子が $x=3.0$ m, $y=8.0$ m の位置に静止している．この粒子を $-x$ 方向に 7.0 N の力で引っ張るとき，(a) この粒子の原点のまわりの角運動量はいくらか？ (b) この粒子に働く原点のまわりのトルクはいくらか？ (c) この粒子の角運動量の時間変化率はいくらか？

12-15 xy 平面上で原点のまわりを時計回りに運動する粒子がもつ原点のまわりの角運動量の大きさが以下のような場合を考える：
(a) $4.0\,\mathrm{kg\cdot m^2/s}$,
(b) $4.0\,t^2\,\mathrm{kg\cdot m^2/s}$,
(c) $4.0\sqrt{t}\,\mathrm{kg\cdot m^2/s}$,
(d) $4.0/t^2\,\mathrm{kg\cdot m^2/s}$.

この粒子に働く原点のまわりのトルクはいくらか？

12-16 中心軸のまわりに 0.140 kg·m² の慣性モーメントをもつフライホイールの角運動量が，1.5秒間に 3.00 から 0.800 kg·m² まで減少した．(a) この間に中心軸のまわりに働く平均トルクの大きさはいくらか？ (b) この間の角加速度が一定であるとすると，フライホイールの回転角はいくらか？ (c) フライホイールになされる仕事はいくらか？ (d) フライホイールの平均仕事率はいくらか？

12-17 回転する剛体に短い時間 Δt だけ力 $F(t)$ が加えられた．この物体に働くトルクを τ，モーメントの腕の長さを R，Δt の間の力の平均値を F_{avg}，力が加わる前後の角速度を ω_i と ω_f とすると，次の関係が成り立つことを示しなさい；
$$\int \tau\,dt = F_{\mathrm{avg}} R\,\Delta t = I(\omega_f-\omega_i)$$
ここで，
$$\int \tau\,dt = F_{\mathrm{avg}} R\Delta t$$
は力積 $F_{\mathrm{avg}}\Delta t$ との類比から角力積(angular impulse)とよばれる．

12-18 図12-4のような2つの円柱があり，紙面に垂直な軸のまわりに回転している．それぞれの半径は R_1 と R_2，中心軸のまわりの慣性モーメントは I_1 と I_2 である．初め大きい円柱は角速度 ω_0 で時計回りに回転している．小さい円柱は左から大きい円柱に近づき，接すると円柱間の摩擦により回転を始める．しばらくすると滑りが止まり2つの円柱は一定の角速度の大きさで回転するようになる．このときの小さい円柱の角速度の大きさ ω_2 を I_1, I_2, R_1, R_2, ω_0 で表しなさい．(ヒント：角運動量も運動エネルギーも保存されないので，角力積を考えるとよい．)

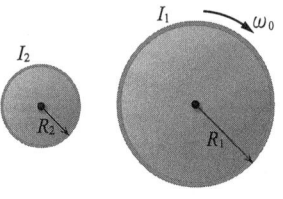

図 12-4

12-19 両手に煉瓦を持って 1.2 回転/秒で回転する回転台(回転機構に摩擦はない)に乗る．この系の(回転軸のまわりの)慣性モーメントは 6.0 kg·m² である．煉瓦を動かして慣性モーメントを 2.0 kg·m² に減らすと，(a) 角速度の大きさはいくらになるか？ (b) このときの運動エネルギーと初めの運動エネルギーとの比はいくら

か？ (c) 何が運動エネルギーの変化をもたらしたか？

12-20 遊園地に半径 1.2 m, 質量 180 kg, 回転半径 91.0 cm の小さなメリーゴーランドが静止している。この外縁に接するような線上を, 速さ 3.00 m/s で走ってきた 44.0 kg の子供がメリーゴーランドに飛び乗った。回転軸での摩擦は無視できる。(a) メリーゴーランドの回転軸のまわりの慣性モーメントはいくらか？ (b) 走っている子供のメリーゴーランドの回転軸のまわりの角運動量の大きさはいくらか？ (c) 子供が飛び乗った後のメリーゴーランドの角速度の大きさはいくらか？

12-21 図 12-5 のような質量 M, 半径 R のリングがあり, 摩擦なしで鉛直軸のまわりに回転する。リングの上に敷かれた線路の上には質量 m のおもちゃの列車が静止している。電気のスイッチを入れて走り出した列車の速さが, 線路に対して一定の値 v に達した。このときのリングの角速度の大きさはいくらか？（リングのスポークや軸は無視してリングを細い輪とみなす。）

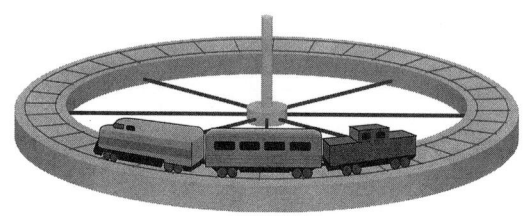

図 12-5

12-22 台所に置かれた回転盆(半径 R, 慣性モーメント I, 回転軸に摩擦はない)の外縁を質量 m のゴキブリが反時計回りに走っている。ゴキブリの(床に対する)速さは v, 時計回りにまわっている回転盆の角速度の大きさは ω_0 である。ゴキブリがパンくずを見つけて止まった。(a) このとき回転盆の角速度の大きさはいくらか？ (b) 力学的エネルギーは保存されるか？

12-23 長さ 50 cm の細い棒(質量は無視できる)の両端に 2.00 kg のボールが取り付けられている。この棒は, 中点を通る水平回転軸のまわりに鉛直面内を(摩擦なしで)回転する。図 12-6 のように棒は最初水平に静止している。50 g の粘土が右側のボールの上に 3.00 m/s で衝突してくっついた。(a) このとき棒の角速度の大きさはいくらか？ (b) この系の衝突前後の運動エネルギーの比はいくらか？ (c) この系が一時的に止まるのはどれだけ回転してからか？

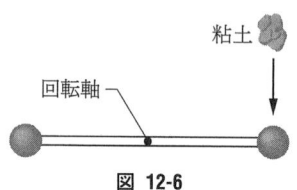

図 12-6

12-24 質量 m のゴキブリが, 質量 $10m$ の一様な円板(中心軸のまわりに自由に回転できる)の外縁に止まっている。最初, 円板とゴキブリは角速度 ω_0 で一緒に回転している。ゴキブリが円板の中心に向かって半分の半径まで進んでから再び止まった。(a) ゴキブリ-円板系の角速度の変化 $\Delta\omega$ はいくらか？ (b) ゴキブリの移動前後の運動エネルギーの比 K/K_0 はいくらか？ (c) 運動エネルギーの変化の原因は何か？

12-25 地球の極地方にある氷がすべて溶けると水面が 30 m 上昇する。これが地球の回転にどのような影響を与えるか？ 1日の長さの変化として評価しなさい。

13

重 力

13-1 新生児は誕生時の惑星の配置に影響される，と信じている人がいる．一方で，産科医が及ぼす重力の方が，惑星の重力より大きいと主張する人もいる．後者の主張を確かめるために，次の場合について 3 kg の新生児に働く重力の大きさを計算して比較しなさい．(a) 1 m 離れたところにいる産科医 (70 kg の粒子とみなす)，(b) 地球に最も近づいたときの (距離 $=6 \times 10^{11}$ m) 木星 ($m = 10^{27}$ kg)，(c) 地球から最も離れたときの木星 (距離 $=9 \times 10^{11}$ m)．(d) この主張は正しいか？

13-2 太陽と地球が月に及ぼす重力の比 $F_{\text{Sun}}/F_{\text{Earth}}$ はいくらか？(太陽と月の間の平均距離は太陽と地球の間の平均距離に等しい．)

13-3 月と地球を結ぶ直線上を飛行中の宇宙船に働く地球の重力と月の重力がつり合うのは，地球からどれだけ離れたときか？

13-4 3 つの球の質量と位置が次のように与えられている：20 kg, $x = 0.50$ m, $y = 1.0$ m；40 kg, $x = -1.0$ m, $y = -1.0$ m；60 kg, $x = 0$ m, $y = -0.5$ m．原点に置かれた第 4 の球 (質量 20 kg) に働く重力はいくらか？

13-5 図 13-1 のように，半径 R，質量 M の鉛球の一部を球状にくり抜いた：空洞の表面は元の球の中心と表面に接している．このような空洞のある鉛球が質量 m の小球に及ぼす重力の大きさを求めなさい．小球は，鉛球の中心と空洞の中心を結ぶ延長線上にあり，鉛球の中心から距離 d の位置にある．

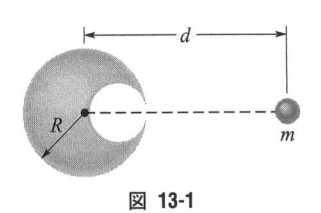

図 13-1

13-6 ニューヨークの街角で重さが 530 N の人の重さは，高さ 410 m の高層ビルの最上階に上るとどれだけ小さくなるか？ ただし，地球の回転は無視する．

13-7 惑星の自転において角速度の理論的限界は，赤道上の物体に働く重力の大きさが向心力に等しくなるときである．(なぜだろう？)(a) 密度 ρ が一定の球状の惑星に対して，周期の限界値が

$$T = \sqrt{\frac{3\pi}{G\rho}}$$

で表されることを示しなさい．(b) 密度を惑星，衛星，小惑星の典型的な値である 3.0 g/cm^3 とすると，回転の周期はいくらか？ (この回転周期より短い周期で自転している天体は見つかっていない．)

13-8 赤道に沿って速さ v で航行中の船の中で，物体がばね秤に吊されている．(a) 秤の読みが $W_0(1 \pm 2\omega v/g)$ となることを示しなさい．ただし，ω は地球の自転の角速度の大きさ，W_0 は船が停止しているときの秤の読みである．(b) ±符号の意味を説明しなさい．

13-9 図 13-2 は地球内部の断面を描いている．地球の内部は一様ではなく，地殻，マントル，中心核の 3 領域に分類される．各領域の大きさと質量は図に示されている．地球の全質量は 5.98×10^{24} kg, 半径は 6370 km である．地球の回転を無視し，地球は球であると仮定する．(a) 地球表面での a_g はいくらか？ (b) 地殻とマントルの境界面まで深さ 25 km 穴を掘ったとすると (モホールという計画がある)，この穴の底での a_g はいくらか？ (c) 地球が，同じ質量，同じ半径をもつ一様密度の球であると仮定すると，深さ 25 km での a_g はいくらか？ (a_g の精密測定は地球の内部構造を知るための有力な手がかりであるが，局所的な密度変化の影響を受けるため，簡単ではない．)

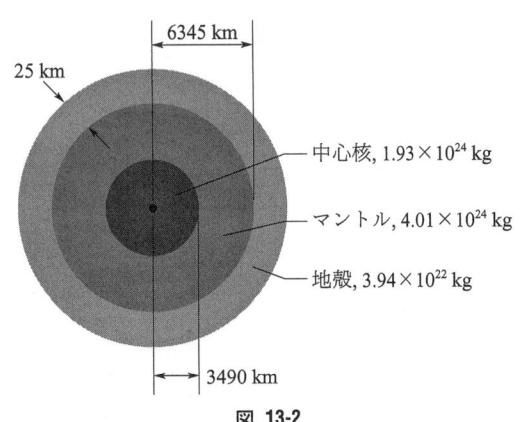

図 13-2

13-10 火星と地球の平均直径はそれぞれ 6.9×10^3 km と 1.3×10^4 km, 火星の質量は地球の質量の 0.11 倍である. (a) 火星と地球の平均密度の比はいくらか？ (b) 火星での重力加速度はいくらか？ (c) 火星からの脱出速度はいくらか？

13-11 図 13-3 のように, $m_A = 800$ g, $m_B = 100$ g, $m_C = 200$ g の 3 つの球が一直線上 ($L = 12$ cm, $d = 4.0$ cm) に並んでいる. この直線に沿って球 B を球 C から $d = 4.0$ cm のところまで移動した. このとき, (a) あなたが球 B にする仕事はいくらか？ (b) 球 A と C による重力が球 B にする正味の仕事はいくらか？

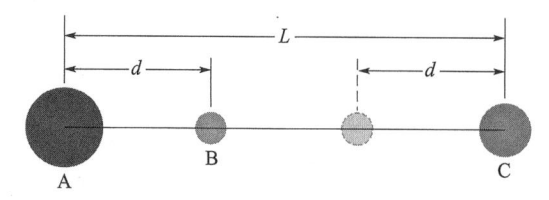

図 13-3

13-12 半径 500 km, 表面での重力加速度が 3.0 m/s² であるような球状の小惑星がある. (a) この小惑星からの脱出速度はいくらか？ (b) この小惑星の表面から $v = 1000$ m/s で粒子を真上に打ち上げた. この粒子の到達高度はいくらか？ (c) 高度 1000 km で静かに放された物体が小惑星に衝突するときの速さはいくらか？

13-13 質量 2.0×10^{30} kg の太陽は, 銀河系の中心から 2.2×10^{20} m の円軌道上を周期 2.5×10^8 年で周回している. 銀河系内の星はすべて太陽と同じ質量をもち, 銀河系内に一様に分布し, 太陽は銀河系の端にあると仮定すると, 銀河系内にある星の数はいくらか？

13-14 高度 160 km の円軌道上を周回する人工衛星の, (a) 速さはいくらか？ (b) 周期はいくらか？

13-15 遠地点高度 360 km, 近地点高度 180 km の楕円軌道を周回している人工衛星がある. 軌道の, (a) 長半径はいくらか？ (b) 離心率はいくらか？

13-16 赤道上空で地球に対して静止している人工衛星 (静止衛星) の高度はいくらか？

13-17 1610 年, ガリレイは望遠鏡を使って木星の衛星を 4 つ発見した. 表は平均軌道半径 a と周期 T を示している. (a) $\log T$ (x 軸) に対する $\log a$ (y 軸) をグラフにプロットして, 直線に乗ることを示しなさい. (b) 直線の傾きを求めてケプラーの第 3 法則から予測される値と比べなさい. (c) この直線と y 軸との交点から木星の質量を求めなさい.

Name	a (10^8 m)	T (days)
Io	4.22	1.77
Europa	6.71	3.55
Ganymede	10.7	7.16
Callisto	18.8	16.7

13-18 一辺の長さ L の正三角形の頂点に位置する同じ質量 M の 3 つの星が, 互いの重力により, 相対的な配置を保ったまま外接円の中心のまわりに円軌道を描いている. このときの星の速さはいくらか？

13-19 同じ質量 m の 2 つの人工衛星 A と B が打ち上げられ, 衛星 A は高度 6370 km の円軌道に, 衛星 B は高度 19110 km の円軌道に投入された. 地球の半径は 6370 km とする. 衛星 B と A の, (a) ポテンシャルエネルギーの比はいくらか？ (b) 運動エネルギーの比はいくらか？ (c) 全エネルギーはどちらが大きいか？ また, 衛星の質量が 14.6 kg であるとき, 全エネルギーの差はいくらか？

13-20 (a) 人工衛星を 1500 km の高さまで持ち上げるのに必要なエネルギーと, その後にその高度で円軌道を周回させるのに必要なエネルギーとではどちらが大きいか？ 地球の半径は 6370 km とする. (b) 高度が 3185 km の場合はどうか？ (c) 高度が 4500 km の場合はどうか？

13-21 高度 640 km の円軌道を周回している 220 kg の人工衛星の, (a) 速さはいくらか？ (b) 周期はいくらか？ この人工衛星は抵抗力を受けて, 周回ごとに平均 1.4×10^5 J の力学的エネルギーを失い, 半径が徐々に小さくなる円軌道をまわる. 1500 周回後の衛星の, (c) 高度はいくらか？ (d) 速さはいくらか？ (e) 周期はいくらか？ (f) 衛星に働く抵抗力の平均値はいくらか？ (g) 衛星の, (h) 衛星-地球系の, 地球中心のまわりの角運動量は保存されるか？

演習問題解答

第 1 章

1-1. 接頭辞については教科書の表 1-2 を参照のこと。
  (a) $1\,\text{km}=10^3\,\text{m}$, $1\,\text{m}=10^6\,\mu\text{m}$ だから，$1\,\text{km}=10^3\,\text{m}=(10^3\,\text{m})(10^6\,\mu\text{m/m})=10^9\,\mu\text{m}$。
  $1.0\,\text{km}$ の有効数字は 2 桁だから，答えは $1.0\times 10^9\,\mu\text{m}$。
  (b) $1\,\text{cm}=10^{-2}\,\text{m}$ だから，$1\,\text{cm}=(10^{-2}\,\text{m})(10^6\,\mu\text{m/m})=10^4\,\mu\text{m}$。
  (c) $1\,\text{yd}=3\,\text{ft}=(3\,\text{ft})(0.3048\,\text{m/ft})=0.9144\,\text{m}$ だから，
  $1.0\,\text{yd}=(0.91\,\text{m})(10^6\,\mu\text{m/m})=9.1\times 10^5\,\mu\text{m}$。

1-2. (a) 1 インチは $2.54\,\text{cm}$ だから，
$$(0.80\,\text{cm})\left(\frac{1\,\text{inch}}{2.54\,\text{cm}}\right)\left(\frac{6\,\text{picas}}{1\,\text{inch}}\right)\left(\frac{12\,\text{points}}{1\,\text{pica}}\right)\approx 23\,\text{points}。$$
  (b) $(0.80\,\text{cm})\left(\dfrac{1\,\text{inch}}{2.54\,\text{cm}}\right)\left(\dfrac{6\,\text{picas}}{1\,\text{inch}}\right)\approx 1.9\,\text{picas}$。

1-3. (a) $1\,\text{m}=3.281\,\text{ft}$, $1\,\text{s}=10^9\,\text{ns}$ だから，
$$3.0\times 10^8\,\text{m/s}=\left(\frac{3.0\times 10^8\,\text{m}}{\text{s}}\right)\left(\frac{3.281\,\text{ft}}{\text{m}}\right)\left(\frac{\text{s}}{10^9\,\text{ns}}\right)=0.98\,\text{ft/ns}。$$
  (b) $1\,\text{m}=10^3\,\text{mm}$, $1\,\text{s}=10^{12}\,\text{ps}$ だから，
$$3.0\times 10^8\,\text{m/s}=\left(\frac{3.0\times 10^8\,\text{m}}{\text{s}}\right)\left(\frac{10^3\,\text{mm}}{\text{m}}\right)\left(\frac{\text{s}}{10^{12}\,\text{ps}}\right)=0.30\,\text{mm/ps}。$$

1-4. $1000\,\text{m}=1\,\text{km}$, $1\,\text{AU}=1.50\times 10^8\,\text{km}$, $60\,\text{s}=1\,\text{min}$ だから，
$$3.0\times 10^8\,\text{m/s}=\left(\frac{3.0\times 10^8\,\text{m}}{\text{s}}\right)\left(\frac{1\,\text{km}}{1000\,\text{m}}\right)\left(\frac{\text{AU}}{1.50\times 10^8\,\text{km}}\right)\left(\frac{60\,\text{s}}{\text{min}}\right)=0.12\,\text{AU/min}$$

1-5. 20 世紀の最後の 1 日は最初の 1 日より (20 世紀)(0.001 s/世紀)=0.02 s だけ長い。したがって，20 世紀の間の平均的 1 日は最初の 1 日より $(0+0.02)/2=0.01\,\text{s}$ だけ長い。累積時間を T とすると，
$$T=\left(\frac{0.01\,\text{s}}{\text{day}}\right)\left(\frac{365.25\,\text{day}}{\text{y}}\right)(2000\,\text{y})=7305\,\text{s}。$$
約 2 時間である。

1-6. パルサーの振動数を f で表すと，
$$f=\frac{1\,\text{rotation}}{1.55780644887275\times 10^{-3}\,\text{s}}$$
  (a) 振動数に時間 $t=7.0\,\text{days}=604800\,\text{s}$ をかけると，(有効数字を無視して)
$$N=\frac{1\,\text{rotation}}{1.55780644887275\times 10^{-3}\,\text{s}}(604800\,\text{s})=388238218.4$$
  時間の有効数字が 3 桁だから，答えは 3.88×10^8 回転。
  (b) ここでは回転数が 100 万回と決まっているので，$N=ft$ より，$t=1557.80644887275\,\text{s}$ が得られる。電卓で計算すると最後の何桁かは出てこないかもしれない。
  (c) 周期の誤差は $\pm 3\times 10^{-17}\,\text{s}$ だから，$(\pm 3\times 10^{-17}\,\text{s})(1\times 10^6)=\pm 3\times 10^{-11}\,\text{s}$。

1-7. 地球の質量を M_E, 地球を構成する原子の平均質量を m, その数を N とすると，$M_E=Nm$。$1\,\text{u}=1.661\times 10^{-27}\,\text{kg}$ だから，
$$N=\frac{M_E}{m}=\frac{5.98\times 10^{29}\,\text{kg}}{(40\,\text{u})(1.661\times 10^{-27}\,\text{kg/u})}=9.0\times 10^{49}$$

1-8. ワペンテイクを wp と記し，1 ハイドを 110 エーカーとする。
$$\frac{(25\,\text{wp})\left(\dfrac{100\,\text{hide}}{1\,\text{wp}}\right)\left(\dfrac{110\,\text{acre}}{1\,\text{hide}}\right)\left(\dfrac{14047\,\text{m}^2}{1\,\text{acre}}\right)}{(11\,\text{barn})\left(\dfrac{1\times 10^{-28}\,\text{m}^2}{1\,\text{barn}}\right)}\approx 1\times 10^{36}$$

第2章

2-1. ボールの水平速度 v は一定であると仮定する。ホームベースに到達するまでの時間 Δt でのボールでの変位は $\Delta x = v\Delta t$。v の単位を m/s に変換すると 160 km/h = 44.4 m/s。これより，
$$\Delta t = \frac{\Delta x}{\Delta v} = \frac{18.4 \text{m}}{44.4 \text{ m/s}} = 0.414 \text{ s}$$

2-2. (a) San Antonio から Houston までかかった時間を T，距離を D とすると，平均スピードは，
$$s_{\text{avg1}} = \frac{D}{T} = \frac{(55 \text{ km/h})(T/2) + (90 \text{ km/h})(T/2)}{T} = 72.5 \text{ km/h} \approx 73 \text{ km/h}$$

(b) 速さが一定の間は 時間＝距離/速さ だから，
$$s_{\text{avg2}} = \frac{D}{T} = \frac{D}{\dfrac{D/2}{55 \text{ km/h}} + \dfrac{D/2}{90 \text{ km/h}}} = 68.3 \text{ km/h} \approx 68 \text{ km/h}$$

(c) 全行程は $2D$ だから，往復の平均スピードは，
$$s_{\text{avg}} = \frac{2D}{\dfrac{D}{72.5 \text{ km/h}} + \dfrac{D}{68.3 \text{ km/h}}} = 70 \text{ km/h}$$

(d) 正味の変位はゼロだから往復の平均速度はゼロ。

(e) 原点と $(t_1, x_1) = (T/2, 55T/2)$ を結ぶ傾き 55 の直線と，(t_1, x_1) と (T, D) を結ぶ傾き 90 の直線からなるグラフ。ただし $D = (55+90)T/2$。平均速度は原点と (T, D) を結ぶ直線の傾き。

2-3. (a) $t=1$ s を代入すると $x=0$，$t=2$ s を代入すると $x=-2$m，$t=3$ s を代入すると $x=0$，$t=4$ s を代入すると $x=12$m。

(b) $t=0$ のとき $x=0$ であるから，変位は $t=4$ s の位置から $t=0$ の位置を引いた $\Delta x = 12$m。

(c) $t=2$ s から $t=4$ s までの変位は $\Delta x = 12\text{m} - (-2\text{m}) = 14$m。これより，
$$v_{\text{avg}} = \frac{\Delta x}{\Delta t} = \frac{14}{2} = 7 \text{ m/s}$$

(d) 図の横軸は $0 \leq t \leq 4$ 秒に対応する。$(t, x) = (2, -2)$ と右端の最高点 $(t=4$ s$)$ を結ぶ直線の傾きが (c) の平均速度を表す。

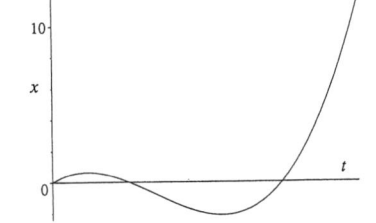

2-4. (a) $t = 2.0$ s から $t = 4.0$ s までの間。

(b) $t = 0$ から $t = 3.0$ s までの間。

(c) $t = 3.0$ s から $t = 7.0$ s までの間。

(d) グラフが最小となる $t = 3.0$ s のとき。

2-5. $\Delta x = \int v\,dt$ だから，走った距離 Δx はグラフの下の面積に等しい。この面積を長方形と三角形に分割して考えると
$$A = A_{0<t<2} + A_{2<t<10} + A_{10<t<12} + A_{12<t<16}$$
$$= \frac{1}{2}(2)(8) + (8)(8) + \left((2)(4) + \frac{1}{2}(2)(4)\right) + (4)(4)$$

これより，$\Delta x = 100$m。

2-6. 初速度の向きを $+x$ の向きとすると $v_0 = +18$ m/s，$t = 2.4$ s のとき $v = -30$ m/s。これより，
$$a_{\text{avg}} = \frac{\Delta v}{\Delta t} = \frac{(-30) - (+18)}{2.4} = -20 \text{ m/s}^2$$

これより，平均加速度の大きさは 20 m/s^2，向きは初速度と反対向き。

2-7. 時刻 t での x を $x(t)$ と表す。

(a) 最初の3秒間の平均速度は
$$v_{\text{avg}} = \frac{x(3) - x(0)}{\Delta t} = \frac{(50)(3) + (10)(3)^2 - 0}{3} = 80 \text{ m/s}$$

(b) 時刻 t での速度は $v = dx/dt = 50 + 20t$ で与えられる。$t = 3.0$ s を代入すると $v = 50 + (20)(3.0) = 110$ m/s。

(c) 時刻 t での加速度は $a = dv/dt = 20$ m/s^2 で与えられる。これは定数だから加速度は常に 20 m/s^2。

(d), (e) 左下の図は x を時間の関数として表したものである。図中の (a) と記された破線は，$t = 0$, $x = 0$ と $t = 3.0$ s, $x = 240$ m を結んだ直線で，傾きが最初の3秒間の平均速度を表している。(b) と記された破線は $t = 3.0$ s におけるグラフの接線で，傾きが $t = 3.0$ s での瞬間速度を表している。

(f) 右下の図は v を時間の関数として表したものである。$t = 3.0$ s におけるグラフの接線の傾きが $t = 3.0$ s での加速度を表すが，この図では v-t グラフと重なっている。

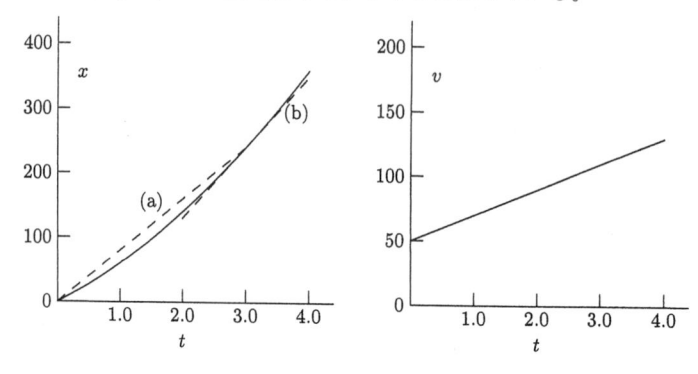

2-8. (a) ct^2 の単位が長さの単位だから c の単位は長さ/時間^2，SI 単位系では m/s^2。bt^3 の単位も長さの単位だから，b の単位は m/s^3。

(b) 粒子の位置が最大または最小となるのは速度がゼロのときである。速度は $v = dx/dt = 2ct - 3bt^2$ で与えられるので，$v = 0$ となるのは $t = 0$ と
$$t = \frac{2c}{3b} = \frac{2(3.0 \text{ m/s}^2)}{3(2.0 \text{ m/s}^3)} = 1.0 \text{ s}$$
$t = 0$ のときは $x = x_0 = 0$, $t = 1.0$ s のときは $x = 1.0$ m で x_0 より大きい。したがって，最大となるのは $t = 1.0$ s。

(c) 最初の4秒間に，粒子は $x = 1.0$ m まで移動した後，向きを変えて
$$x(4 \text{ s}) = (3.0 \text{ m/s}^2)(4.0 \text{ s})^2 - (2.0 \text{ m/s}^3)(4.0 \text{ s})^3 = -80 \text{ m}$$
まで戻る。全行程は 1.0 m $+ 1.0$ m $+ 80$ m $= 82$ m。

(d) 変位は $\Delta x = x_2 - x_1$ で与えられる。$x_1 = 0$, $x_2 = -80$ m だから $\Delta x = -80$ m $- 0 = -80$ m。

(e) 速度は $v = 2ct - 3bt^2 = (6.0 \text{ m/s}^2) t - (6.0 \text{ m/s}^3) t^2$ で与えられるので，
$v(1 \text{ s}) = (6.0 \text{ m/s}^2)(1.0 \text{ s}) - (6.0 \text{ m/s}^3)(1.0 \text{ s})^2 = 0$
$v(2 \text{ s}) = (6.0 \text{ m/s}^2)(2.0 \text{ s}) - (6.0 \text{ m/s}^3)(2.0 \text{ s})^2 = -12$ m/s
$v(3 \text{ s}) = (6.0 \text{ m/s}^2)(3.0 \text{ s}) - (6.0 \text{ m/s}^3)(3.0 \text{ s})^2 = -36$ m/s
$v(4 \text{ s}) = (6.0 \text{ m/s}^2)(4.0 \text{ s}) - (6.0 \text{ m/s}^3)(4.0 \text{ s})^2 = -72$ m/s

(f) 加速度は $a = dv/dt = 2c - 6bt = 6.0 \text{ m/s}^2 - (12.0 \text{ m/s}^3) t$ で与えられるので，
$a(1 \text{ s}) = 6.0 \text{ m/s}^2 - (12.0 \text{ m/s}^3)(1.0 \text{ s}) = -6.0$ m/s^2
$a(2 \text{ s}) = 6.0 \text{ m/s}^2 - (12.0 \text{ m/s}^3)(2.0 \text{ s}) = -18$ m/s^2
$a(3 \text{ s}) = 6.0 \text{ m/s}^2 - (12.0 \text{ m/s}^3)(3.0 \text{ s}) = -30$ m/s^2
$a(4 \text{ s}) = 6.0 \text{ m/s}^2 - (12.0 \text{ m/s}^3)(4.0 \text{ s}) = -42$ m/s^2

2-9. 等加速度運動だから，教科書の表 2-1 を使うことができる。

(a) $v^2 = v_0^2 + 2a(x - x_0)$ に $v = 0$, $x_0 = 0$ を代入すると，

第 2 章

$$x = -\frac{1}{2}\frac{v_0^2}{a} = -\frac{1}{2}\frac{(5.00\times 10^6)^2}{-1.25\times 10^{14}} = 0.100 \text{ m}_\circ$$

ミューオンは減速しているので，初速度の向きと加速度の向きは反対向きである。

(b) 下図は減速を初めてから止まるまでのミューオンの x と v を t の関数として表したものである。(a) で用いた式には時刻が入っていないので，ここでは $v=v_0+at$, $x=v_0t+(1/2)at^2$ を用いる。

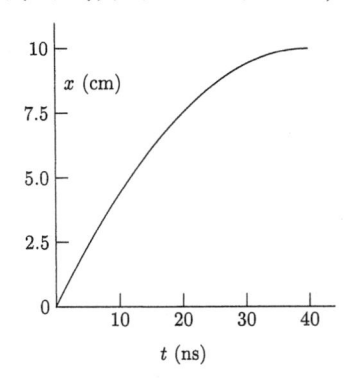

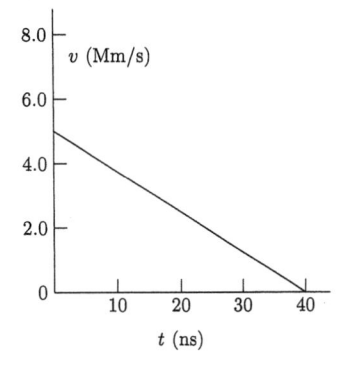

2-10. 等加速度運動だから教科書の表 2-1 を使うことができる。$v^2 = v_0^2 + 2a(x-x_0)$ に $x_0=0$, $x=0.010$ m を代入すると，

$$a = \frac{v^2 - v_0^2}{2x} = \frac{(5.7\times 10^5)^2 - (1.5\times 10^5)^2}{2(0.01)} = 1.62\times 10^{15} \text{ m/s}^2$$

2-11. 自動車の初速度の向きを $+x$ とする（減速しているので $a<0$）。加速度が一定であると仮定して教科書の表 2-1 を使う。

(a) $v=v_0+at$ に $v_0=137$ km/h $=38.1$ m/s と $v=90$ km/h $=25$ m/s を代入すると，

$$t = \frac{25 \text{ m/s} - 38 \text{ m/s}}{-5.2 \text{ m/s}^2} = 2.5 \text{ s}$$

(b) ブレーキをかけ始めたときの時刻を $t=0$，位置を $x=0$ とすると，自動車の位置は $x=(38)t+(1/2)(-5.2)t^2$ で表される。これを $t=0$ から $t=2.5$ s までプロットしたのが右図である。v-t グラフは v_0 から v まで一定の割合で減少する直線となる。

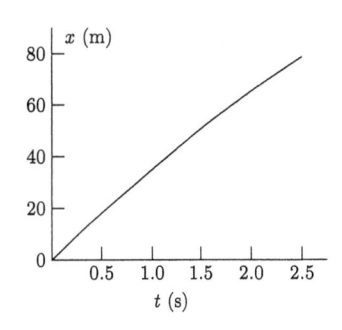

2-12. (a) 等加速度運動だから教科書の表 2-1 を使うことができる。$x-x_0 = v_0t + 1/2 at^2$ で $x_0=0$ とおいて，a について解くと，

$$a = 2(x-v_0t)/t^2$$

$x=24.0$ m, $v_0=56.0$ km/h $=15.55$ m/s, $t=2.00$ s を代入すると，

$$a = \frac{2(24.0 \text{ m} - (15.55 \text{ m/s})(2.00 \text{ s}))}{(2.00 \text{ s})^2} = -3.56 \text{ m/s}^2$$

負符号は自動車が減速していることを示している。

(b) 衝突時の速度は，$v=v_0+at$ を使って

$$v = 15.55 \text{ m/s} - (3.56 \text{ m/s}^2)(2.00 \text{ s}) = 8.43 \text{ m/s} = 30.3 \text{ km/h}$$

2-13. 等加速度運動だから教科書の表 2-1 を使うことができる。

(a) 第 1 地点を原点とし，通過したときの時刻を $t=0$ とすると，

$$x = \frac{1}{2}(v+v_0)t = \frac{1}{2}(15+v_0)(6)$$

車の進行方向を $+x$ の向きとして $x=60.0$ m を代入すると，$v_0=5.00$ m/s。

(b) $v=v_0+at$ に $v=15.0$ m/s, $v_0=5.00$ m/s, $t=6.0$ を代入すると，$a=1.67$ m/s^2。

(c) $v^2 = v_0^2 + 2ax$ に $v=0$ を代入して x について解くと，

$$x = -\frac{v_0^2}{2a} = -\frac{5^2}{2(1.67)} = -7.50 \text{ m/s}$$

(d) $v=0$ となる時刻 t は $v=v_0+at'$ から求められる；

$$t'=\frac{-v_0}{a}=\frac{-5}{1.67}=-3.0 \text{ s}$$

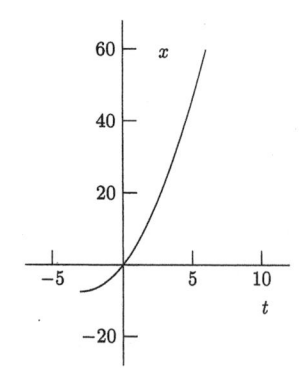

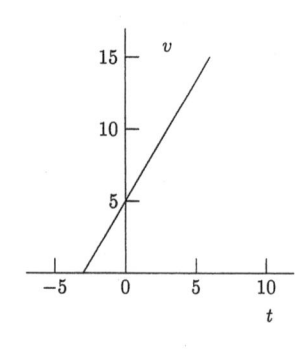

2-14. 等加速度運動だから教科書の表 2-1 を使うことができる。加速時間を t_1，減速時間を t_2，エレベータの運動方向を $+x$ の向きとすると，$a_1=+1.22$ m/s^2，$a_2=-1.22$ m/s^2 と表される。$t=t_1$ での速さは $v=305/60=5.08$ m/s。

(a) 加速している間の変位を Δx とすると，

$$v^2=v_0{}^2+2a_1\Delta x \Rightarrow \Delta x=\frac{(5.08)^2}{2(1.22)}=10.59\approx 10.6 \text{ m}$$

(b) $v=v_0+at$ より，$t_1=\dfrac{v-v_0}{a_1}=\dfrac{5.08}{1.22}=4.17$ s

減速時間 t_2 は t_1 と等しくなるので $t_1+t_2=8.33$ s。加速時間と減速時間に移動する距離は合わせて $2(10.59)=21.18$ m。エレベータが等速で移動する距離は $190-21.18=168.82$ m。したがって，等速運動している時間は

$$t_3=\frac{168.82 \text{ m}}{5.08 \text{ m/s}}=33.21 \text{ s}$$

これより，合計の時間は $8.33+33.21\sim 41.5$ s。

2-15. 空気の抵抗を無視すると $a=-g=-9.8$ m/s^2 の等加速度運動となり，教科書の表 2-1 を使うことができる。雨滴は下向きだから負符号をとると，

$$v=-\sqrt{v_0{}^2-2g\Delta y}=-\sqrt{0-2(9.8)(-1700)}=-183$$

したがって，速さは 183 m/s。

2-16. 空気の抵抗を無視すると $a=-g=-9.8$ m/s^2 の等加速度運動となり，教科書の表 2-1 を使うことができる。$v^2=v_0{}^2+2a(x-x_0)$ の x を y に置き換える。

(a) 最高点でのボールの速度はゼロである。a に $-g$ を代入し，$y_0=0$ とおくと，$v^2=v_0{}^2-2gy$。$v=0$ を代入して v_0 について解くと，$v_0=\sqrt{2gy}$。$y=50$ m を代入すると $v_0=31$ m/s。

(b) $y=0$ から投げ上げられて再び $y=0$ になるまでの時間である。

$$y=v_0t-\frac{1}{2}gt^2 \Rightarrow t=\frac{2v_0}{g}$$

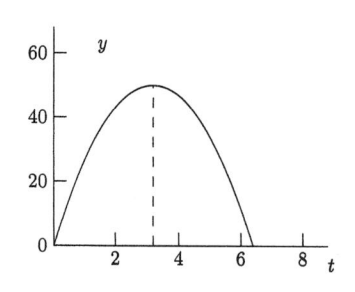

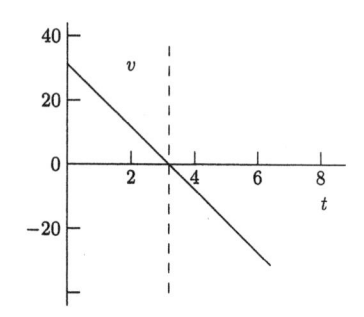

第 2 章　　39

(a)で求めた v_0 の値を代入すると，$t=6.4$ s。(a)の結果を使わずに，$x-x_0=vt-(1/2)at^2$ を使って最高点に達するまでの時間を求めてから 2 倍してもよい。

(c) a の値は常に -9.8 m/s^2 で，グラフは水平線となる。

2-17. 地面の高さを $y=0$ として $+y$ を上向きにとる。

(a) 燃料がなくなった高さは，
$$y'=\frac{1}{2}at^2=\frac{(4.00)(6.00)^2}{2}=72.0 \text{ m}$$

このときの速さは，$v'=at=(4.00)(6.00)=24.0$ m/s

その後，最高点に達するまでの距離 Δy_1 は，$v^2=v_0^2+2a(y-y_0)$ で $v=0$, $v_0=v'$ とおいて求められる；
$$\Delta y_1=\frac{v'^2}{2g}=\frac{(24.0)^2}{2(9.8)}=29.4 \text{ m}$$

したがって，最高点の高さは $72.0+29.4=101$ m。

(b) 自由落下している時間は，$y-y_0=v_0t+(1/2)at^2$ に燃料がなくなった時刻，その時の高さ，地面の高さ $y=0$ を代入して求められる
$$-y'=v't-\frac{1}{2}gt^2 \Rightarrow -72.0=(24.0)t-\frac{9.80}{2}t^2$$

これを t について解くと $t=7.00$ s が得られる。加速上昇している 6.00 s を足して全体で 13.0 s。

2-18. ボールと床が接触している間の平均加速度は，衝突直前の速度を v_1，衝突直後の速度を v_2，衝突時間を $\Delta t (=12\times 10^{-3}$ s$)$ とすると，$a_{\text{avg}}=(v_2-v_1)/\Delta t$ で与えられる。ボールを落とした位置を $y=0$ として $+y$ を上向きにとる。衝突直前の速度は $v_1^2=v_0^2-2gy$ に $v_0=0$，$y=-4.00$ m を代入して求められる；
$$v_1=-\sqrt{-2gt}=-\sqrt{2(9.8)(-4.00)}=-8.85 \text{ m/s}\quad \text{（下向きに落ちているので符号は負）}$$
衝突直後の速度は，2.00 m の高さまで上がったのだから，$v^2=v_2^2-2g(y-y_0)$ に $v=0$, $y=-2.00$ m（最初の位置より 2 m 低い位置），$y_0=-4.00$ m を代入して求められる；
$$v_2=\sqrt{2g(y-y_0)}=\sqrt{2(9.8)(-2.00+4.00)}=6.26 \text{ m/s}$$

これらの値を使うと，
$$a_{\text{avg}}=\frac{v_2-v_1}{\Delta t}=\frac{6.26-(-8.85)}{12\times 10^{-3}}=1.26\times 10^3 \text{ m/s}^2$$

符号が正だから加速度は上向きである。後の章で学ぶが，この加速度はボールが床から受ける力と密接に関係している。

2-19. グラフから最高点の高さが $y=25$ m であることがわかる。グラフが最高点となる $t=2.5$ s に対して左右対称なので，空気抵抗は無視しても構わないであろう。

(a) $+y$ を上向きにとり，$y-y_0=vt-(1/2)at^2$ を適用してこの惑星の重力による加速度 g_P を求める；
$$y-y_0=vt+\frac{1}{2}g_Pt^2 \Rightarrow 25-0=(0)(2.5)+\frac{1}{2}g_P(2.5)^2$$

これより，$g_P=8.0$ m/s^2。

(b) $v=v_0+at$ に $v=0$, $a=-g_P$ を代入して $v_0=20$ m/s が得られる。

2-20. 空気抵抗を無視すると，$a=-g=-9.8$ m/s^2 とおいて（$-y$ を下向きにとる）教科書の表 2-1 を使うことができる。地上の高さを $y=0$ とする。荷物の初速度は気球の速度と同じ $v_0=+12$ m/s であり，初期位置は $y_0=+80$ m である。

(a) $y=y_0+v_0t-\frac{1}{2}gt^2$ に $y=0$ を代入して t について解くと，
$$t=\frac{v_0+\sqrt{v_0^2+2gy_0}}{g}=\frac{12+\sqrt{(12)^2+2(9.8)(80)}}{9.8}=5.4 \text{ s}$$

(b) (a)の結果を $v=v_0+at$ に代入して，$v=v_0-gt=12-(9.8)(5.4)=-41$ m/s。これより地上に達したときの速さは 41 m/s。（$v^2=v_0^2+2g(y-y_0)$ を使えば(a)の結果を用いないで求めることもできる。）

第3章

3-1. 右図に変位が描かれている。正味の変位は出発点(銀行)から最終地点(Walpole)へ向かう線で表される。丁寧に線を引けば，合成ベクトルの大きさは 29.5 km，向きは 35° であることがわかる。

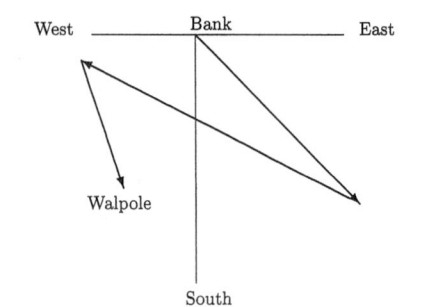

3-2. $\vec{a}$ の x 成分は $a_x = 7.3\cos 250° = -2.5$，
y 成分は $a_y = 7.3\sin 250° = -6.9$。

3-3. (a) $\sqrt{(-25)^2 + 40^2} = 47.2$ m
(b) $\tan^{-1}(40/-25) = -58°$ または $122°$ となる。x と y の符号を考えると，このベクトルは第3象限にあるので $122°$ が答え。

3-4. この問題は一見3次元の問題のように見えるが，それぞれ定められた面内で考えれば2次元的に扱うことができる。
(a) $|\overrightarrow{AB}| = \sqrt{|\overrightarrow{AD}|^2 + |\overrightarrow{AC}|^2} = \sqrt{17^2 + 22^2} = 27.8$ m
(b) $|AD|\sin 52° = 13.4$ m

3-5. $\vec{r} = \vec{a} + \vec{b}$ とする。
(a) $r_x = a_x + b_x = 4.0 - 13 = -9.0$, $r_y = a_y + b_y = 3.0 + 7.0 = 10$ だから $\vec{r} = (-9.0\text{m})\hat{\text{i}} + (10\text{m})\hat{\text{j}}$。
(b) $r = \sqrt{r_x^2 + r_y^2} = \sqrt{(-9.0)^2 + (10)^2} = 13$ m。
(c) $\tan^{-1}(r_y/r_x) = \tan^{-1}(10/-9.0) = -48°$ または $132°$。x 成分が負，y 成分が正だから，このベクトルは第2象限にある。したがって答えは $132°$。

3-6. 東向きを $+x$，北向きを $+y$ とすると $a_x = 5.0$m, $a_y = 0$, $b_x = -(4.0\text{m})\sin 35° = -2.29$ m, $b_y = (4.0)\cos 35° = 3.28$ m となる。
(a) $\vec{c} = \vec{a} + \vec{b}$ とおくと $c_x = a_x + b_x = 5.0$ m $- 2.29$ m $= 2.71$ m, $c_y = a_y + b_y = 0 + 3.28$m $= 3.28$m。したがって
$$c = \sqrt{c_x^2 + c_y^2} = \sqrt{(2.71\text{m})^2 + (3.28\text{m})^2} = 4.3\text{m}$$
(b) $\vec{c} = \vec{a} + \vec{b}$ の向きは，
$$\theta = \tan^{-1}\frac{c_y}{c_x} = \tan^{-1}\frac{3.28\text{m}}{2.71\text{m}} = 50.4°$$
c は第1象限にあるのでこれが答え。
(c) $\vec{c} = \vec{b} - \vec{a}$ とおくと
$c_x = b_x - a_x = -2.29$m $- 5.0$m $= -7.29$m, $c_y = b_y - a_y = 3.28$m
したがって
$$c = \sqrt{c_x^2 + c_y^2} = \sqrt{(-7.29\text{m})^2 + (3.28\text{m})^2} = 8.0\text{m}$$
(d) $\tan\theta = 3.28/(-7.29) = -4.50$ より，$\theta = -24.4°$ または $155.8°$。成分の符号を考えるとこのベクトルは第2象限にある。したがって答えは $155.8°$。
(e) 右図。

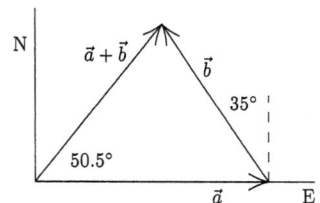

3-7. (a) $\vec{a} + \vec{b} = (4.0 + (-1.0))\hat{\text{i}} + ((-3.0) + 1.0)\hat{\text{i}} + (1.0 + 4.0)\hat{\text{k}} = 3.0\hat{\text{i}} - 2.0\hat{\text{i}} + 5.0\hat{\text{k}}$
(b) $\vec{a} - \vec{b} = (4.0 - (-1.0))\hat{\text{i}} + ((-3.0) - 1.0)\hat{\text{i}} + (1.0 - 4.0)\hat{\text{k}} = 5.0\hat{\text{i}} - 4.0\hat{\text{i}} - 3.0\hat{\text{k}}$
(c) $\vec{a} - \vec{b} + \vec{c} = 0$ から $\vec{c} = \vec{b} - \vec{a}$。これは $\vec{a} - \vec{b}$ の符号を変えたものだから $\vec{c} = -5.0\hat{\text{i}} + 4.0\hat{\text{j}} + 3.0\hat{\text{k}}$。

3-8. $\vec{b}$ と $+x$ のなす角は $135°$ だから，
(a) $r_x = a_x + b_x = 10\cos 30° + 10\cos 135° = 1.59$m
(b) $r_y = a_y + b_y = 10\sin 30° + 10\sin 135° = 12.1$m

第 3 章

    (c) $r=\sqrt{1.59^2+12.1^2}=12.2$ m
    (d) $\theta=\tan^{-1}(12.1/1.59)=82.5$

3-9. 一般に 2 つのベクトルが直交するとき，それらのスカラー積はゼロになる。ここでは 2 つのベクトル $\vec{a}$ と $\vec{b}$ の和と差が直交するので，$(\vec{a}+\vec{b})\cdot(\vec{a}-\vec{b})=0$。分配法則を使って左辺を計算すると $\vec{a}\cdot\vec{a}+\vec{b}\cdot\vec{a}-\vec{a}\cdot\vec{b}-\vec{b}\cdot\vec{b}=0$。$\vec{a}\cdot\vec{b}$ と $\vec{b}\cdot\vec{a}$ は等しいから $\vec{a}\cdot\vec{a}-\vec{b}\cdot\vec{b}=a^2-b^2=0$。これより $a=b$。

3-10. $r^2=\vec{r}\cdot\vec{r}=(\vec{a}+\vec{b})\cdot(\vec{a}+\vec{b})=\vec{a}\cdot\vec{a}+\vec{b}\cdot\vec{a}+\vec{a}\cdot\vec{b}+\vec{b}\cdot\vec{b}=a^2+b^2+2ab\cos\theta$

3-11. 教科書の図 3-18 を参照するとよい。
    (a) 新しい $x'y'$ 座標系で $\vec{A}$ の角度は $60°-20°=40°$ だから
$$\vec{A}=12.0\cos40°\hat{i}'+12.0\sin40°\hat{j}'=9.19\hat{i}'+7.71\hat{j}'$$
    (b) 元の座標系での $\vec{B}$ の大きさは，$r=\sqrt{12.0^2+8.00^2}=14.4$，角度は $\theta=\tan^{-1}(8.00/12.0)=33.7°$。新しい座標系での角度は $33.7°-20°=13.7°$ だから
$$\vec{B}=14.4\cos13.7°\hat{i}'+14.4\sin413.7°\hat{j}'=14.0\hat{i}'+3.41\hat{j}'$$

3-12. (a) $\vec{a}\cdot\vec{b}=(10)(6.0)\cos60°=30$。 (b) $|\vec{a}\times\vec{b}|=(10)(6.0)\sin60°=52$。

3-13. $\hat{i}\cdot\hat{i}=\hat{j}\cdot\hat{j}=\hat{k}\cdot\hat{k}=1$，$\hat{i}\cdot\hat{j}=\hat{j}\cdot\hat{k}=\hat{k}\cdot\hat{i}=0$ に注意しながら，分配法則を使ってスカラー積を展開すると，
$$\vec{a}\cdot\vec{b}=(a_x\hat{i}+a_y\hat{j}+a_z\hat{k})\cdot(b_x\hat{i}+b_y\hat{j}+b_z\hat{k})=a_xb_x+a_yb_y+a_zb_z$$

3-14. $ab\cos\phi=a_xb_x+a_yb_y+a_zb_z$ だから
$$\cos\phi=\frac{a_xb_y+a_yb_y+a_zb_z}{ab}$$
これに $a=\sqrt{3.0^2+3.0^2+3.0^2}=5.2$ と $b=\sqrt{2.0^2+1.0^2+3.0^2}=3.7$ と各成分を代入して，
$$\cos\phi=\frac{(3.0)(2.0)+(3.0)(1.0)+(3.0)(3.0)}{(5.2)(3.7)}=0.926$$
これより $\phi=22°$。

3-15. $\hat{i}\times\hat{i}=\hat{j}\times\hat{j}=\hat{k}\times\hat{k}=0$，$\hat{i}\times\hat{j}=-\hat{j}\times\hat{i}=\hat{k}$，$\hat{j}\cdot\hat{k}=-\hat{k}\times\hat{j}=\hat{i}$，$\hat{k}\cdot\hat{i}=-\hat{i}\times\hat{k}=\hat{j}$ に注意しながら，分配法則を使ってベクトル積を展開すると，
$$\vec{a}\times\vec{b}=(a_x\hat{i}+a_y\hat{j}+a_z\hat{k})\times(b_x\hat{i}+b_y\hat{j}+b_z\hat{k})$$
$$=(a_yb_z-b_ya_z)\hat{i}+(a_zb_x-b_za_x)\hat{j}+(a_xb_y-b_xa_y)\hat{k}$$

3-16. この三角形の底辺は a，高さは $b\sin\phi$ だから，面積は $(1/2)ab\sin\phi=(1/2)|\vec{a}\times\vec{b}|$。

3-17. (a) $a_x=a\cos0°=a=3.00$ m
    (b) $a_x=a\sin0°=0$
    (c) $b_x=b\cos30°=(4.00\text{ m})\cos30°=3.46$ m
    (d) $b_y=b\sin30°=(4.00\text{ m})\sin30°=2.00$ m
    (e) $c_x=c\cos120°=(10.0\text{ m})\cos120°=-5.00$ m
    (f) $c_y=c\sin120°=(10.0\text{ m})\sin120°=8.66$ m
    (g), (h) $-5.00\text{ m}=p(3.00\text{ m})+q(3.46\text{ m})$，$8.66\text{ m}=p(0)+(q(2.00\text{ m})$ を連立させて解くと，
    $p=-6.67$，$q=4.33$。

第4章

4-1． (a) 変位ベクトルは移動後の位置ベクトルから移動前の位置ベクトルを引いたもの。これを単位ベクトル表記で表すと，$\Delta \vec{r} = ((-2)-5)\hat{i} + (6-(-6))\hat{j} + (2-2)\hat{k} = -7\hat{i} + 12\hat{j}$。

(b) この変位ベクトルは z 成分をもたないので xy 平面に平行。

4-2． $+x$ を東向きに，$+y$ を上向きにとる。2回目の測定での仰角は $40° + 123° = 163°$。単位ベクトル表記で位置ベクトルを表すと，
$$\vec{r}_1 = 360\cos(40°)\hat{i} + 360\sin(40°)\hat{j} = 276\hat{i} + 231\hat{j}, \quad \vec{r}_2 = 790\cos(163°)\hat{i} + 790\sin(163°)\hat{j} = -755\hat{i} + 231\hat{j}$$
これより，変位ベクトルは
$$\Delta \vec{r} = \vec{r}_2 - \vec{r}_1 = ((-755) - 276)\hat{i} + (231 - 231)\hat{j} = -1031\hat{i}$$
すなわち，変位は西向きに 1.03 km。

4-3． $+x$ を東向きに，$+y$ を北向きにとる。それぞれ一定の速度で走った区間の変位を足したものが全体の変位である。

第1区間の変位は，
$$\Delta \vec{r}_1 = (60 \text{ km/h})\left(\frac{1\text{h}}{60 \text{ min}}\right)(40 \text{ min})\hat{i} = (40 \text{ km})\hat{i}$$

第2区間の変位の大きさは，
$$\Delta r_2 = (60 \text{ km/h})\left(\frac{1\text{h}}{60 \text{ min}}\right)(20 \text{ min}) = 20 \text{ km}$$

向きは $+x$ から反時計回りに $40°$。したがって，
$$\Delta \vec{r}_2 = (20 \text{ km})\cos 40°\hat{i} + (20 \text{ km})\sin 40°\hat{j} = (15.3 \text{ km})\hat{i} + (12.9 \text{ km})\hat{j}$$

第3区間の変位は，
$$\Delta \vec{r}_3 = -(60 \text{ km/h})\left(\frac{1\text{h}}{60 \text{ min}}\right)(50 \text{ min})\hat{i} = (-50 \text{ km})\hat{i}$$

これより，全変位は，
$$\Delta \vec{r} = \Delta \vec{r}_1 + \Delta \vec{r}_2 + \Delta \vec{r}_3 = 40\hat{i} + 15.3\hat{i} + 12.9\hat{j} - 50\hat{i} = 5.3\hat{i} + 12.9\hat{j} \text{ km}$$
3つの変位に要した時間は $40 \text{ min} + 20 \text{ min} + 50 \text{ min} = 110 \text{ min} = 1.83 \text{ h}$。これより，
$$\vec{v}_{\text{avg}} = \left(\frac{5.3 \text{ km}}{1.83 \text{ h}}\right)\hat{i} + \left(\frac{12.9 \text{ km}}{1.83 \text{ h}}\right)\hat{j} = (2.90 \text{ km/h})\hat{i} + (7.01 \text{ km/h})\hat{j}$$
大きさ-角表記を使えば，大きさは $\sqrt{2.90^2 + 7.01^2} = 7.59 \text{ km/h}$，向きは（真東から北向きに）$67.5°$。

4-4． (a) 速度は位置を時間で微分したものだから，
$$\vec{v}(t) = \frac{d}{dt}(3.00t\hat{i} - 4.00t^2\hat{j} + 2.00\hat{k}) = 3.00\hat{i} - 8.00t\hat{j} \quad (\text{単位は m/s})$$

(b) $t = 2.00$ s を代入すると，$\vec{v} = 3.0\hat{i} - 16.0\hat{j}$ m/s。

(c) $v = \sqrt{3^2 + (-16)^2} = 16.3 [\text{m/s}]$

(d) $\tan^{-1}(-16/3) = -79°$ または $101°$。x 成分と y 成分の符号から，このベクトルは第4象限にある。したがって答えは $-79°$ または $281°$。

4-5． (a) $\vec{r}_{t=2.00} = ((2.00)(2.00)^3 - (5.00)(2.00))\hat{i} + (6.00 - (7.00)(2.00)^4)\hat{j} = 6.00\hat{i} - 106\hat{j}$ m。

(b) $\vec{r}$ を時間で微分して，
$$\vec{v}(t) = (6.00t^2 - 5.00)\hat{i} - 28.0t^3\hat{j}$$
$t = 2.00$s を代入すると，$\vec{v} = 19.0\hat{i} - 224\hat{j}$ m/s。

(c) $\vec{v}$ を時間で微分して，$\vec{a}(t) = 12.0t\hat{i} - 84.0t^2\hat{j}$。$t = 2.00$s を代入すると，$\vec{a} = 24.0\hat{i} - 336\hat{j}$ m/s^2。

(d) 接線の向きは速度の向きに等しい。$\tan^{-1}(-224/19.0) = -85.2°$ または $94.8°$。成分の符号から答えは $-85.2°$ または $275°$。

4-6. x と y どちらの方向についても等加速度運動だから，それぞれについて教科書の表 2-1 を使うことができる。

(a) 初速度を $\vec{v}_0$ とすると $\vec{v} = \vec{v}_0 + \vec{a}\,t$，$x$ 成分は $v_x = v_{0x} + a_x t = 3.00 - 1.00 t$，$y$ 成分は $v_y = v_{0y} + a_y t = -0.500 t$。$x$ が最大となるときは $v_x = 0$ で，この時刻を t_m とすると，$3.00 - 1.00 t_m = 0$。これより，$t_m = 3.00$ s。このときの速度の y 成分は $v_y = -(0.500)(3.00) = -1.50$ m/s。x 成分はゼロだから，$\vec{v} = -1.50\hat{j}$ m/s。

(b) $\vec{r} = \vec{v}_0 t + (1/2)\vec{a}\,t^2$ に $t = t_m = 3.00$ s を代入すると，
$$(3.00\hat{i})(3.00) + \left(\frac{1}{2}\right)(-1.00\hat{i} - 0.500\hat{j})(3.00)^2 = 4.50\hat{i} - 2.25\hat{j} \text{ m}$$

4-7. 前問同様，教科書の表 2-1 を使う。2 つの粒子が衝突するためには，B が $y = 30$ m に達する時刻に両者の x 座標が一致すればよい。θ を y 軸から測っていることに注意して，
$$y = \frac{1}{2} a_y t^2 \Rightarrow 30 = \frac{1}{2}(0.40\cos\theta) t^2 \quad \text{および} \quad vt = \frac{1}{2} a_x t^2 \Rightarrow 3.0 t = \frac{1}{2}(0.40\sin\theta) t^2$$
第 2 式を t について解くと，$t = 3/(0.2\sin\theta)$。これを第 1 式に代入すると
$$30 = \frac{1}{2}(0.40\cos\theta)\left(\frac{3}{0.2\sin\theta}\right)^2$$
この式を $\sin^2\theta = 1 - \cos^2\theta$ という関係式を使って書き直すと，
$$30 = \frac{9}{0.2}\frac{\cos\theta}{1 - \cos^2\theta} \Rightarrow 1 - \cos^2\theta = \frac{9}{(0.2)(30)}\cos\theta$$
この 2 次方程式を解くと，
$$\cos\theta = \frac{-1.5 + \sqrt{1.5^2 - 4(1)(-1)}}{2} = \frac{1}{2}$$
これより，$\theta = \cos^{-1}(0.5) = 60°$。

4-8. 弾の発射点を原点とし，$+x$ を標的に向かう水平方向，$+y$ を鉛直上向きとする。

(a) 弾の y 座標は $y = -(1/2)gt^2$ で与えられるから，
$$t = \sqrt{-\frac{2y}{g}} = \sqrt{\frac{-(2)(-0.019)}{9.8}} = 6.2 \times 10^{-2} \text{ s}$$

(b) 水平方向の加速度はゼロだから $x = v_0 t$。これより，
$$v_0 = \frac{x}{t} = \frac{30}{6.2 \times 10^{-2}} = 4.8 \times 10^2 \text{ m/s}。$$

4-9. 最大到達距離は
$$R_{\max} = \left(\frac{v_0^2}{g}\sin 2\theta_0\right)_{\max} = \frac{v_0^2}{g} = \frac{(9.5 \text{ m/s})^2}{9.80 \text{ m/s}^2} = 9.21 \text{ m}$$
Powell の記録はこれより 26 cm 短いだけであった。

4-10. グラフにプロットされた速さは $v = \sqrt{v_x^2 + v_y^2}$ であり，$v_0 = v_x$ は一定である。グラフより，$t = 2.5$ s のときボールが最高点に達したことがわかる。このとき $v_y = 0$，したがって，$v_x = 19$ m/s。

(a) 水平飛距離は $t = 5$ s までの x 方向の変位だから $\Delta x = v_x t = (19)(5) = 95$ m。

(b) 初速度の y 成分は $\sqrt{19^2 + v_{0y}^2} = 31$ m/s より，$v_{0y} = 24.5$ m/s。最高点の高さを h とすると，$0 - v_{0y}^2 = -2gh$。これより，$h = 31$ m。

4-11. 問題 8 と同じ座標系を使う。水平到達距離を表す式を使って，
$$R = \frac{v_0^2}{g}\sin 2\theta_0 \Rightarrow \sin 2\theta_0 = \frac{Rg}{v_0^2} = \frac{(45.7)(9.8)}{460^2} = 2.12 \times 10^{-3}$$
すなわち $\theta_0 = 0.0606°$。狙うべき位置は，標的から $(45.7)\tan 0.0606° = 0.0484$ m $= 4.84$ cm だけ上となる。

4-12. $+x$ を水平に，$+y$ を鉛直上向きにとる。物体の y 座標は $y = v_0 t \sin\theta_0 - (1/2)gt^2$，速度の y 成分は $v_y = v_0 \sin\theta_0 - gt$ で表される。y が最大となるとき $v_y = 0$ であるから，このときの時刻 $t = (v_0/g)\sin\theta_0$ を y 座標の式に代入して，
$$y = v_0\left(\frac{v_0\sin\theta_0}{g}\right)\sin\theta_0 - \frac{1}{2}g\left(\frac{v_0\sin\theta_0}{g}\right)^2 = \frac{(v_0\sin\theta_0)^2}{2g}$$

4-13. 与えられた速度 $\vec{v} = 7.6\hat{i} + 6.1\hat{j}$ を $\vec{v}_1$，最高点での速度を $\vec{v}_2$，地面に落ちる瞬間の速度を $\vec{v}_3$ とする。

(a) まず $v_{1y}^2 = v_{0y}^2 - 2g\Delta y$ を使って初速度の y 成分を求める。$6.1^2 = v_{0y}^2 - 2(9.8)(9.1)$ より $v_{0y} = 14.7$ m/s。最高点の高さを h とすると
$$v_{2y}^2 = v_{0y}^2 - 2gh$$
ただし $v_{2y} = 0$。$0 = 14.7^2 - 2(9.8)h$ より $h = 11$m。

(b) 地面の高さを $y = 0$ としたので
$$0 = v_{0y}t - (1/2)gt^2$$
水平方向に進む距離は $R = v_{0x}t$。両式から t を消去すると
$$R = 2v_{0x}v_{0y}/g$$
が得られる。これに $v_{0x} = v_{1x} = 7.6$ m/s と $v_{0y} = 14.7$ m/s を代入して $R = 23$m。

(c) $v_{3x} = v_{1x} = 7.6$ m/s, $v_{3y} = -v_{0y} = -14.7$ m/s であるから
$$v_3 = \sqrt{v_{3x}^2 + v_{3y}^2} = \sqrt{7.6^2 + (-14.7)^2} = 17 \text{ m/s}$$

(d) $\tan^{-1}(-14.7/7.6) = -63°$ または $117°$。成分の符号を考慮して,答えは $-63°$ または $297°$。

4-14. 打点の真下で地面の高さを原点とする。

(a) 水平飛距離とボールの角度からボールの初速を求めることができる;
$$v_0 = \sqrt{\frac{gR}{\sin 2\theta_0}} = \sqrt{\frac{(9.8)(107)}{1}} = 32.4 \text{ m/s}$$
ボールがフェンスを越えるときの時刻は
$$t = \frac{x}{v_0 \cos \theta_0} = \frac{97.5}{(32.4)\cos 45°} = 4.26 \text{ s}$$
このときのボールの地面からの高さは
$$y = y_0 + (v_0 \sin \theta_0)t - \frac{1}{2}gt^2 = 1.22 + (32.4)(4.26)\sin 45° - \frac{1}{2}(9.8)(4.26)^2 = 9.88\text{m}$$
したがってフェンスを越える。

(b) $9.88 - 7.32 = 2.56$m。

4-15. (a) 衛星軌道の半径は (地球の半径) + (高度) $= 6.37 \times 10^6$m $+ 640 \times 10^3$m $= 7.01 \times 10^6$m
$$v = \frac{2\pi r}{T} = \frac{2\pi(7.01 \times 10^6\text{m})}{(98\text{min})(60\text{s/min})} = 7.49 \times 10^3 \text{ m/s}$$

(b) $a = \dfrac{v^2}{r} = \dfrac{(7.49 \times 10^3 \text{ m/s})^2}{7.01 \times 10^6 \text{m}} = 8.00 \text{ m/s}^2$

4-16. (a) $a = \dfrac{v^2}{r} \Rightarrow v = \sqrt{ra} = \sqrt{(5.0\text{m})(7.0)(9.8 \text{ m/s}^2)} = 19$ m/s。

(b) 周期は $T = 2\pi r/v = 1.7$ s。1分間の回転数は $60/1.7 = 35$ 回転/分。

(c) $T = 1.7$ s。

4-17. (a) R を地球の半径,T を自転の周期とすると,赤道上の物体の速さは,
$$v = \frac{2\pi R}{T} = \frac{2\pi(6.37 \times 10^6\text{m})}{8.64 \times 10^4\text{s}} = 463 \text{ m/s}$$
加速度の大きさは,
$$a = \frac{v^2}{R} = \frac{(463 \text{ m/s})^2}{6.37 \times 10^6\text{m}} = 0.034 \text{ m/s}^2$$

(b) (a)の2式から v を消去して $a = 9.8$ m/s^2 を代入すると,
$$T = \frac{2\pi R}{v} = \frac{2\pi R}{\sqrt{aR}} = 2\pi\sqrt{\frac{R}{a}} = 2\pi\sqrt{\frac{6.37 \times 10^6\text{m}}{9.8 \text{ m/s}^2}} = 5.1 \times 10^3 \text{s} = 84 \text{ min}$$

4-18. 向心加速度の大きさを知るには円運動の速さが必要である。ひもが切れたときの石の位置を原点とし,$+x$ をその時の速度 $\vec{v}_0$ の向き,$+y$ を鉛直上向きにとる。石が放物運動をする間の座標は,$x = v_0 t$,$y = -(1/2)gt^2$ で表される。$x = 10$m,$y = -2$m で地面に落ちたのだから,
$$v_0 = \frac{x}{t} = \frac{x}{\sqrt{-2y/g}} = x\sqrt{-\frac{g}{2y}} = (10\text{m})\sqrt{-\frac{9.8 \text{ m/s}^2}{2(-2.0\text{m})}} = 15.7\text{m/s}$$
したがって,向心加速度の大きさは,

$$a = \frac{v^2}{r} = \frac{(15.7 \text{ m/s})^2}{1.5 \text{m}} = 160 \text{ m/s}^2$$

4-19. 停止しているエスカレータの上を歩く速さは $v_p = (15\text{m})/(9.0\text{s}) = 1.67$ m/s。正常に動いているエスカレータの速さは $v_e = (15\text{m})/(6.0\text{s}) = 2.50$ m/s。動いているエスカレータの上を歩く人の速さは $v = v_p + v_e = 4.17$ m/s。したがって，

$$t = (15\text{m})/(4.17\text{m/s}) = 3.6 \text{ s}$$

この時間はエスカレーターの長さには依存しない（長くなれば移動速度が大きくなる）。

4-20. ドライバーから見ると，雪の速度は鉛直方向に $v_v = 8.0$ m/s の成分をもち，水平方向に $v_h = 50$ km/h $= 13.9$ m/s の成分をもっている。したがって，鉛直からの角度を θ とすると，

$$\tan\theta = v_h/v_v = (13.9 \text{ m/s})(8.0 \text{ m/s}) = 1.74$$

これより，$\theta = 60°$。

4-21. 船 A と B の速度ベクトルは，

$$\vec{v}_A = -(v_A\cos 45°)\hat{i} + (v_A\sin 45°)\hat{j}, \quad \vec{v}_B = -(v_B\sin 40°)\hat{i} - (v_B\cos 40°)\hat{j}$$

ただし，$\hat{i}$ を東向き，$\hat{j}$ を北向きにとり，$v_A = 24$ ノット，$v_B = 28$ ノットである。

(a) $\vec{v}_{AB} = \vec{v}_A - \vec{v}_B = (v_B\sin 40° - v_A\cos 45°)\hat{i} + (v_A\sin 45° + v_B\cos 40°)\hat{j} = 1.0\hat{i} + 38.4\hat{j}$。

速さは

$$v_{AB} = \sqrt{1.0^2 + 38.4^2} = 38$$

真北からの向きは，

$$\theta = \tan^{-1}\left(\frac{v_{AB,x}}{v_{AB,y}}\right) = \tan^{-1}\left(\frac{1.0}{38.4}\right) = 1.5°$$

すなわち，真北から東へ $1.5°$ の向き。

(b) 距離を相対速度の大きさで割ればよいので，$t = 160/38 = 4.2$ h。

(c) 相対速度（大きさと向き）が一定なので，船はいつも同じ向きに見える。A から見た B の向きは，B から見た A の向きと反対向きだから，真南から西へ $1.5°$ の向き。

4-22. 右図のような直角三角形を描く。北を上向きとし，縦の辺は川幅の 200m を表し，横の辺は川の流速に渡河にかかる時間 t をかけたものである。斜辺の長さがボートの速さに渡河の時間をかけたものを表す。ピタゴラスの定理から

$$(4.0)t = \sqrt{200^2 + (82 + 1.1t)^2} \Rightarrow 46724 + 180.4t - 14.8t^2 = 0$$

これを解いて正の解をとると，$t = 62.6$ s。真北からの向きは

$$\theta = \tan^{-1}\left(\frac{82 + 1.1t}{200}\right) = \tan^{-1}\left(\frac{151}{200}\right) = 37°$$

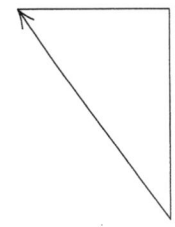

第5章

5-1. $+x$ を東向きに，$+y$ を北向きにとる。この物体に働く力は $\vec{F} = (9.0 - 8.0\cos 62°)\hat{i} + (8.0\sin 62°)\hat{j} = 5.24\hat{i} + 7.06\hat{j}$ N。加速度は $\vec{a} = \vec{F}/m = 1.75\hat{i} + 2.35\hat{j}$ m/s²，したがって加速度の大きさは
$$\sqrt{1.75^2 + 2.35^2} = 2.93 \approx 2.9 \text{ m/s}^2$$

5-2. 粒子が等速運動しているので加速度はゼロ，したがって正味の力もゼロ，すなわち $\vec{F}_{\text{net}} = \vec{F}_1 + \vec{F}_2 + \vec{F}_3 = 0$。したがって第3の力は $\vec{F}_3 = -\vec{F}_1 - \vec{F}_2 = -(2\hat{i} + 3\hat{j} - 2\hat{k}) - (-5\hat{i} + 8\hat{j} - 2\hat{k}) = 3\hat{i} - 11\hat{j} + 4\hat{k}$ N。

5-3. (a) $m\vec{a} = \vec{F}_1 + \vec{F}_2$ より
$$\vec{F}_2 = m\vec{a} - \vec{F}_1 = (2.0 \text{ kg})\{(-12\sin 30° \text{m/s}^2)\hat{i} + (-12\cos 30° \text{m/s}^2)\hat{j}\} - (20.0\text{N})\hat{i} = (-32\text{N})\hat{i} - (21\text{N})\hat{j}$$
(b) $F_2 = \sqrt{F_{2x}^2 + F_{2y}^2} = \sqrt{(-32)^2 + (-21)^2} = 38$N。
(c) $\tan\theta = F_{2y}/F_{2x} = 21/32 = 0.656$。これより $\theta = 33°$ または $213°$。x 成分も y 成分も負だから答えは $213°$。

5-4. (a)-(c)のすべて場合において，サラミは静止しているのでサラミに働く正味の力はゼロ。したがって，ばね秤がサラミを引く力はサラミの重さ，すなわち $(11 \text{ kg})(9.8 \text{ m/s}^2) = 108$N に等しく，この値がばね秤の読みとなる。

5-5. (a) $m = W/g = (22\text{N})/(9.8 \text{ m/s}^2) = 2.2$ kg。$F_g = mg = (2.2 \text{ kg})(4.9 \text{ m/s}^2) = 11$N。(b) $m = 2.2$ kg。(c) $g = 0$ だから $F_g = mg = 0$。(d) 質量は物体固有の性質であり 2.2 kg のまま変化しない。

5-6. (a) $N - mg = ma$ より $N = m(a+g)$。N は a が最大 ($= 2$ m/s²) のときに最大となるので $N_{\text{max}} = (55 \text{ kg})(2.0 \text{ m/s}^2 + 9.8 \text{ m/s}^2) = 590$ N で上向き。
(b) N は a が最小 ($=-3$ m/s²) のときに最小となるので $N_{\text{min}} = (55 \text{ kg})(-3.0 \text{ m/s}^2 + 9.8 \text{ m/s}^2) = 340$ N で上向き。
(c) 床が受ける力は乗客が受ける力の反作用だから，(a)の答えの符号を変えたもの。590 N で下向き。

5-7. $+x$ を電子の入射方向，$+y$ を鉛直上向きにとり，電子の入射位置を原点にとる。水平方向には等速運動，鉛直方向には等加速度運動するので，
$$y = \frac{1}{2}at^2 = \frac{1}{2}\left(\frac{F}{m}\right)\left(\frac{x}{v_0}\right)^2 = \frac{1}{2}\left(\frac{4.5 \times 10^{-16}\text{N}}{9.11 \times 10^{-31}\text{kg}}\right)\left(\frac{30 \times 10^{-3}\text{m}}{1.2 \times 10^7 \text{m/s}}\right)^2 = 1.5 \times 10^{-3}\text{m}.$$

5-8. $+x$ を車の進行方向にとる。力が一定だから等加速度運動。初速は $v_0 = 53$ km/h $= 14.7$ m/s。ドライバーの加速度は
$$v^2 = v_0^2 + 2a\Delta x \implies a = -\frac{v_0^2}{2\Delta x} = -\frac{14.7^2}{2(0.65)} = -167 \text{ m/s}^2.$$
ドライバーの受ける力は $\vec{F} = m\vec{a}$ だから，力の大きさは $F = (41 \text{ kg})(167 \text{ m/s}^2) = 6.8 \times 10^3$ N。

5-9. (a) そりに働く力は子供が引っ張る力だけだから $a_s = \dfrac{F}{m_s} = \dfrac{5.2\text{N}}{8.4 \text{ kg}} = 0.62$ m/s²。
(b) 子供が受ける力はそりに働く力の反作用だから $a_k = \dfrac{F}{m_k} = \dfrac{5.2\text{N}}{40 \text{ kg}} = 0.13$ m/s²。
(c) そりと子供の加速度は逆向きである。子供が動き出す位置を原点とし，子供の運動方向を $+x$ とすると，子供の位置は $x_k = (1/2)a_k t^2$，そりの位置は $x_s = x_0 - (1/2)a_s t^2$ で表される。ただし $x_0 = 15$ m。両者がぶつかる時刻は
$$x_k = x_s \implies \frac{1}{2}a_k t^2 = x_0 - \frac{1}{2}a_s t^2 \implies t = \sqrt{\frac{2x_0}{a_k + a_s}}$$
この間に子供が移動する距離は
$$x_k = \frac{1}{2}a_k t^2 = \frac{1}{2}a_k \frac{2x_0}{a_k + a_s} = \frac{x_0 a_k}{a_k + a_s} = \frac{(15)(0.13)}{0.13 + 0.62} = 2.6\text{m}.$$

5-10. 消防士の質量は $m = F_g/g = 712/9.8 = 72.7$ kg。$+y$ を上向きにとると，消防士の加速度は $\vec{a} = -3.00$ m/s² $\hat{j}$。

(a) 消防士が棒から受ける力を $\vec{F}_{fp}=F\hat{j}$ とすると $ma=F-F_g$。力の大きさは $F=ma+F_g=(72.7)(-3.00)+712=494$ N。符号が正だから向きは上向き。

(b) 棒が消防士から受ける力は $-\vec{F}_{fp}$ だから 494 N で下向き。

5-11. 力の作用図を図に示す。ひもの張力を $\vec{T}$，重力を $m\vec{g}$，風の力を $\vec{F}$ で表す。球に働く正味の力の x 成分は $T\sin\theta-F$，y 成分は $T\cos\theta-mg$。ただし $\theta=37°$。球は静止しているから球に働く正味の力はゼロ。したがって，ひもの張力は

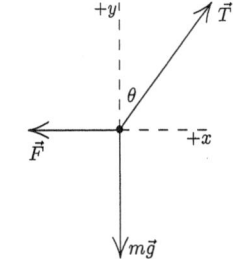

$$T=\frac{mg}{\cos\theta}=\frac{(3.0\times 10^{-3}\,\text{kg})(9.8\,\text{m/s}^2)}{\cos 37°}=3.7\times 10^{-3}\,\text{N}$$

風から受ける力は $F=T\sin\theta=(3.7\times 10^{-3}\,\text{N})\sin 37°=2.2\times 10^{-3}\,\text{N}$。

5-12. 力の作用図を図に示す。加えた力を $\vec{F}$，ブロック 1 がブロック 2 に及ぼす力を $\vec{f}$ で表す。ブロック 2 がブロック 1 に及ぼす力は $-\vec{f}$ である。

(a) ブロック 1 の運動方程式は $m_1 a=F-f$，ブロック 2 の運動方程式は $m_2 a=f$ である。2 つの式から a を消去すると

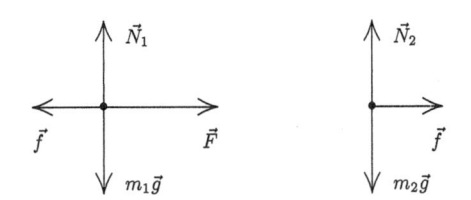

$$f=\frac{Fm_2}{m_1+m_2}=\frac{(3.2\,\text{N})(1.2\,\text{kg})}{2.3\,\text{kg}+1.2\,\text{kg}}=1.1\,\text{N}$$

(b) ブロック 1 の運動方程式は $m_1 a=-f$，ブロック 2 の運動方程式は $m_2 a=f-F$ である。2 つの式から a を消去すると

$$f=\frac{Fm_1}{m_1+m_2}=\frac{(3.2\,\text{N})(2.3\,\text{kg})}{2.3\,\text{kg}+1.2\,\text{kg}}=2.1\,\text{N}$$

(c) ブロックの加速度の大きさは (a) と (b) で等しいが，(a) では $m_2 a=f$，(b) では $m_1 a=-f$。$m_1>m_2$ だから (b) の f の方が大きくなる。

5-13. 力の作用図を図に示す。ケーブルの張力を $\vec{T}$，重力を $m\vec{g}$ で表す。$+y$ を上向きにとると，$ma=T-mg$。下降中の加速度は $v^2=v_0^2+2ay$ から求められる。$v=0$，$v_0=-12$ m/s，$y=-42$ m だから，

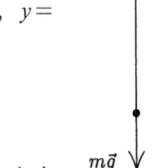

$$a=\frac{v^2-v_0^2}{2y}=\frac{0-(-12\,\text{m/s})^2}{2(-42\,\text{m})}=1.71\,\text{m/s}^2$$

これより，$T=m(a+g)=(1600\,\text{kg})(1.71\,\text{m/s}^2+9.8\,\text{m/s}^2)=1.8\times 10^4\,\text{N}$。

5-14. (a) 左図はスカイダイバーとパラシュートを一体と考えたときの力の作用図である。$+y$ を上向きにとる。$\vec{F}_a$ は空気がパラシュートに及ぼす力を表し，$m=80$ kg$+5$ kg$=85$ kg である。運動方程式は $m\vec{a}=\vec{F}_a+m\vec{g}$。$\vec{a}$ と $\vec{g}$ が下向きであることに注意して，空気から受ける力の大きさは，

$$F_a=m(-a+g)=(85\,\text{kg})(-2.5\,\text{m/s}^2+9.8\,\text{m/s}^2)=620\,\text{N}。$$

(b) 右図はパラシュートの力の作用図である。$\vec{F}_a$ は空気がパラシュートに及ぼす力，$m_p\vec{g}$ は重力，$\vec{F}_p$ がダイバーがパラシュートに及ぼす力を表す。力の向きに注意して，運動方程式は $m_p\vec{a}=\vec{F}_a+m_p\vec{g}+\vec{F}_p$ だから

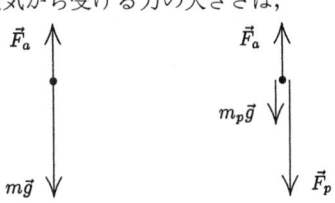

$$\begin{aligned}F_p&=m(-a+g)-F_a\\&=(5.0\,\text{kg})(-2.5\,\text{m/s}^2+9.8\,\text{m/s}^2)-620\,\text{N}\\&=-580\,\text{N}。\end{aligned}$$

5-15. 着陸船の質量を m，カリスト表面での自由落下の加速度の大きさを g，着陸船の加速度の大きさを a，

着陸船の推力を F とする。$+y$ を上向きにとる。運動方程式は $ma=F-mg$。
(a) カリスト表面で着陸船の重さは
$$mg=F-ma=3260\text{ N}-0=3260\text{ N}$$
(b) 着陸船の質量は
$$m=\frac{F-mg}{a}=\frac{2200\text{ N}-3260\text{ N}}{-0.39\text{ m/s}^2}=2.7\times 10^3\text{ kg}$$
(c) カリスト表面での自由落下の加速度は
$$g=(3260\text{N})/(2.7\times 10^3\text{ kg})=1.2\text{ m/s}^2$$

5-16. $+y$ を上向きにとる。
(a) 輪1が輪2から受ける力を F_{12}, ひとつの輪の質量を m とすると, 輪1の運動方程式は
$$ma=F_{12}-mg$$
これより,
$$F_{12}=m(a+g)=(0.100\text{ kg})(2.50\text{ m/s}^2+9.8\text{ m/s}^2)=1.23\text{N}$$
(b) 輪2が輪1から受ける力を F_{21}, 輪2が輪3から受ける力を F_{23} とすると, 輪2の運動方程式は $ma=F_{23}+F_{21}-mg$。$F_{21}=-F_{12}$ だから,
$$F_{23}=m(a+g)+F_{12}=(0.100\text{ kg})(2.50\text{ m/s}^2+9.8\text{ m/s}^2)+1.23\text{N}=2.46\text{N}$$
(c) 輪3の運動方程式は $ma=F_{34}+F_{32}-mg$。$F_{32}=-F_{23}$ だから,
$$F_{34}=m(a+g)+F_{23}=(0.100\text{ kg})(2.50\text{ m/s}^2+9.8\text{ m/s}^2)+2.46\text{N}=3.69\text{N}$$
(d) 輪4の運動方程式は $ma=F_{45}+F_{43}-mg$。$F_{43}=-F_{34}$ だから,
$$F_{45}=m(a+g)+F_{34}=(0.100\text{ kg})(2.50\text{ m/s}^2+9.8\text{ m/s}^2)+3.69\text{N}=4.92\text{N}$$
(e) 輪5の運動方程式は $ma=F+F_{54}-mg$。$F_{54}=-F_{45}$ だから,
$$F=m(a+g)+F_{45}=(0.100\text{ kg})(2.50\text{ m/s}^2+9.8\text{ m/s}^2)+4.92\text{N}=6.15\text{N}$$
(f) それぞれの輪は同じ質量をもち, 同じ加速度で運動しているので同じ力を受けている。正味の力の大きさは
$$F_\text{net}=ma=(0.100\text{ kg})(2.50\text{ m/s}^2)=0.25\text{N}$$

5-17. 力の作用図を図に示す。T をひもの張力, $\theta=30°$ を傾斜角とする。ブロック1については $+x$ を斜面に沿って上向き, $+y$ を垂直抗力 $\vec{N}$ の向きにとる。ブロック2については $+y$ を鉛直下向きにとる。2つのブロックの加速度をどちらも a で表し, ブロック1については x と y 方向の, ブロック2については y 方向の運動方程式を表す:
$$T-m_1g\sin\theta=m_1a,\quad N-m_1g\cos\theta=0,\quad m_2g-T=m_2a$$
この問題では第2式は必要ない。第1式と第3式から a と T を求めることができる。

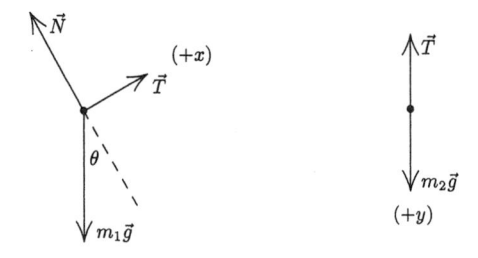

(a) $T=m_1a+m_1g\sin\theta=m_2g-m_2a$
$$a=\frac{(m_2-m_1\sin\theta)g}{m_1+m_2}=\frac{(2.30-3.7\sin 30°)(9.8)}{3.70+2.30}=0.735\text{ m/s}^2$$
(b) a は正の値であるから, ブロック1については斜面上向き, ブロック2については鉛直下向き。
(c) $T=m_2(g-a)=2.30(9.80-0.735)=20.8\text{N}$。

5-18. 猿と箱のどちらについても $+y$ を鉛直上向きにとる。猿がロープを下向きに引っ張る力を F とする。ニュートンの第3法則によりロープは猿を同じ大きさの力で上向きに引っ張る。したがって, 猿の運動方程式は

$$F - m_m g = m_m a_m$$

m_m は猿の質量，a_m は猿の加速度．ロープは質量をもたないので $F = T$．箱の運動方程式は

$$F + N - m_p g = m_p a_p$$

m_p は箱の質量，a_p は箱の加速度，N は地面から箱に働く垂直抗力．

(a) $N = 0$ のときに箱が浮き上がるので $F = m_p g$ ($a_p = 0$)．これを猿の運動方程式に代入すると，

$$a_m = \frac{F - m_m g}{m_m} = \frac{(m_p - m_m) g}{m_m} = \frac{(15-10)(9.8)}{10} = 4.9 \text{ m/s}^2$$

(b) このとき $a_m = -a_p$．猿と箱の運動方程式から F を消去すると，

$$(m_p - m_m) g = m_m a_m - m_p a_p = (m_m + m_p) a_m$$

$$a_m = \frac{(m_p - m_m) g}{m_m + m_p} = \frac{(15-10)(9.8)}{15+10} = 2.0 \text{ m/s}^2$$

(c) a_m は正だから猿の加速度は上向き．

(d) $F = m_m(a_m + g) = 120$ N．

5-19. 力の作用図を図に示す．$\vec{N}$ は床から受ける垂直抗力，$m\vec{g}$ は重力である．

(a) a_x を加速度の x 成分とすると，ブロックが床から離れない限り（このとき N は正），

$$a_x = \frac{F \cos\theta}{m} = \frac{(12.0 \text{ N}) \cos 25.0°}{5.00 \text{ kg}} = 2.18 \text{ m/s}^2$$

a_y を加速度の y 成分とすると $N + F\sin\theta - mg = ma_y$．$a_y = 0$ だから

$$N = mg - F\sin\theta = (5.00)(9.8) - (12.0)\sin 25° = 43.9 \text{ N} > 0$$

を得るから，確かにブロックは床から離れていない．

(b) このとき $N = 0$，$a_y = 0$．これより

$$F = \frac{mg}{\sin\theta} = \frac{(5.00)(9.8)}{\sin 25.0°} = 116 \text{ N}$$

(c) $a_x = \frac{F\cos\theta}{m} = \frac{(116 \text{ N})\cos 25.0°}{5.00 \text{ kg}} = 21.0 \text{ m/s}^2$

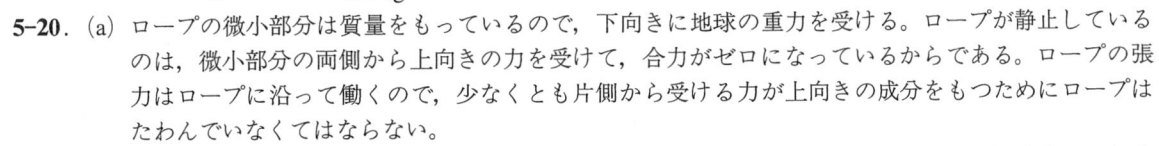

5-20. (a) ロープの微小部分は質量をもっているので，下向きに地球の重力を受ける．ロープが静止しているのは，微小部分の両側から上向きの力を受けて，合力がゼロになっているからである．ロープの張力はロープに沿って働くので，少なくとも片側から受ける力が上向きの成分をもつためにロープはたわんでいなくてはならない．

(b) ロープとブロックを一体と考えると，$F = (M+m)a$; a は右向きを正としたときの加速度．これより，$a = F/(M+m)$．

(c) ロープからブロックに働く力を F_r とする．

$$F_r = Ma = \frac{MF}{M+m}$$

(d) ブロックとロープの半分を一体と考える；質量は $M + (1/2)m$．ロープ中央での張力を T_m とする．運動方程式より

$$T_m = \left(M + \frac{1}{2}m\right)a = \frac{\left(M + \frac{1}{2}m\right)F}{M+m} = \frac{(2M+m)F}{2(M+m)}$$

5-21. 気球に働く重力 $m\vec{g}$ は下向き，空気から受ける力 $\vec{F}_a$ は上向きである．$+y$ を鉛直上向きにとり，気球の加速度の大きさを a とする．バラスト投下前の気球の運動方程式は

$$F_a - Mg = -Ma$$

投下後の運動方程式は，投下したバラストの質量を m とすると，

$$F_a - (M-m)g = (M-m)a$$

2つの運動方程式から F_a を消去すると，

$$M(g-a) = (M-m)(g+a) \implies m = M - \frac{M(g-a)}{g+a} = \frac{2Ma}{g+a}$$

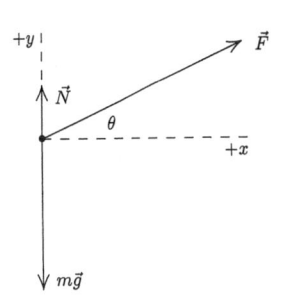

ions
第6章

6-1. 教科書の例題 6-3 を参照。傾いたフライパンに沿って上向きに $+x$，垂直抗力 $\vec{N}$ の働く向きに $+y$ をとり，摩擦力の大きさを f_s，静止摩擦係数を μ_s，傾斜角を θ とする。x 方向の運動方程式は $f_s - mg\sin\theta = ma_x = 0$，$y$ 方向の運動方程式は $N - mg\cos\theta = ma_y = 0$。第1式に $f_s = \mu_s N$ を代入して第2式と連立させて N を消去すると，

$$N = \frac{mg\sin\theta}{\mu_s} = mg\cos\theta \implies \tan\theta = \mu_s \implies \theta = \tan^{-1}\mu_s = \tan^{-1}0.04 \approx 2°$$

6-2. $\vec{F}$ を作業員が水平 $(+x$ 方向$)$ に押す力，$\vec{f_k}$ を摩擦力 $(-x$ 方向$)$，$\vec{N}$ を垂直抗力 $(+y$ 方向$)$，$m\vec{g}$ を重力とする。摩擦力の大きさは $f_k = \mu_k N$。x 方向と y 方向の運動方程式はそれぞれ $F - f_k = ma$，$N - mg = 0$。
(a) $f_k = \mu_k mg = (0.35)(55\text{ kg})(9.8\text{ m/s}^2) = 1.9\times10^2\text{ N}$。
(b) $a = \dfrac{F}{m} - \mu_k g = 0.56\text{ m/s}^2$

6-3. 垂直抗力を $\vec{N}$，摩擦力を $\vec{f}$ $(-x$ 方向$)$ とする。力の作用図を図に示す。 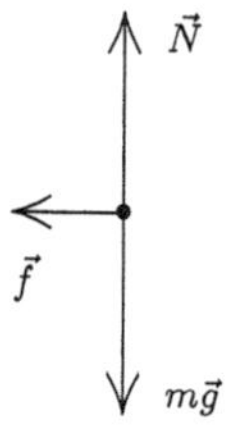
(a) 水平方向の運動方程式は $-f = ma$。等加速度だから $v^2 = v_0^2 + 2ax$ より $a = -v_0^2/2x$。これより

$$f = \frac{mv_0^2}{2x} = \frac{(0.110\text{ kg})(6.0\text{ m/s})^2}{2(15\text{m})} = 0.13\text{ N}$$

(b) 鉛直方向の運動方程式は $N - mg = 0$。$f = \mu_k N$ より

$$\mu_k = \frac{f}{mg} = \frac{0.13\text{ N}}{(0.110\text{ kg})(9.8\text{ m/s}^2)} = 0.12$$

6-4. (a) ブロックに働く力の作用図を図に示す。$\vec{F}$ は押しつける力，$\vec{N}$ は壁から受ける垂直抗力，$\vec{f}$ は摩擦力，$m\vec{g}$ は重力である。運動方程式は $F - N = 0$ (水平方向) および $f - mg = 0$ (鉛直方向)。$f < \mu_s N$ のときブロックは滑らず，$f > \mu_s N$ のとき滑る。$N = F = 12\text{ N}$ だから $\mu_s N = (0.60)(12\text{N}) = 7.2\text{N}$。$f = mg = 5.0\text{N}$ だから $f < \mu_s N$。したがって滑らない。

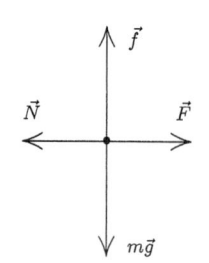

(b) ブロックが壁から受ける力は垂直抗力と摩擦力である。したがって $\vec{F_w} = -N\hat{\mathbf{i}} + f\hat{\mathbf{j}} = -(12\text{N})\hat{\mathbf{i}} + (5.0\text{N})\hat{\mathbf{j}}$

6-5. (a) 箱に働く力の作用図を図に示す。$\vec{T}$ はロープの張力，$\vec{N}$ は床からの垂直抗力，$m\vec{g}$ は重力である。水平右向きに $+x$，鉛直上向きに $+y$ をとる。箱が静止しているときの運動方程式は，

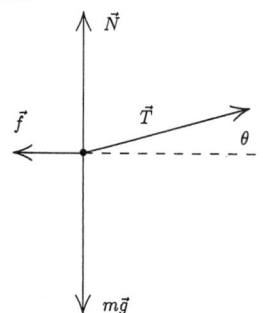

$$T\cos\theta - f = 0 (x\text{ 方向}), \quad T\sin\theta + N - mg = 0 (y\text{ 方向}) ; \theta = 15°$$

第1式から $f = T\cos\theta$，第2式から $N = mg - T\sin\theta$ が得られる。箱が動き出すとき $f = \mu_s N$ となるから，$T\cos\theta = \mu_s(mg - T\sin\theta)$。これより，

$$T = \frac{\mu_s mg}{\cos\theta + \mu_s\sin\theta} = \frac{(0.50)(68)(9.8)}{\cos 15° + 0.50\sin 15°} = 304\text{ N} \approx 300\text{ N}$$

(b) 箱が動き始めてからの運動方程式は，

$$T\cos\theta - f = ma (x\text{ 方向}), \quad T\sin\theta + N - mg = 0 (y\text{ 方向})$$

ここでは $f = \mu_k N$ だから，第2式から得られる $N = mg - T\sin\theta$ を代入して $f = \mu_k(mg - T\sin\theta)$。これと第1式を連立させて解くと，

$$a = \frac{T(\cos\theta + \mu_k\sin\theta)}{m} - \mu_k g = \frac{(304\text{ N})(\cos 15° + 0.35\sin 15°)}{68\text{ kg}} - (0.35)(9.8\text{ m/s}^2) = 1.3\text{ m/s}^2$$

6-6. (a) ブロック A と C をひとつの物体とみなしたときの力の作用図とブロック B の力の作用図を図に示す。$\vec{T}$ をひもの張力，$\vec{N}$ をテーブルからブロック A に働く垂直抗力，$\vec{f}$ を摩擦力，$\vec{F}_{gAC}$ はブロック

第6章

AとCに働く重力，$\vec{F}_{gB}$ はブロックBに働く重力とする。ブロックAとCについては水平右向きに $+x$，鉛直上向きに $+y$ をとる。ブロックA, Cの運動方程式は
$$T-f=0 \ (x \text{方向}), \quad N-F_{gAC}=0 \ (y \text{方向})$$
ブロックBについては下向きに $+y$ をとると，
$$F_{gB}-T=0$$
第1式と第3式よりより $f=T=F_{gB}$, 第2式より $N=F_{gAC}$。滑らない条件 $f<\mu_s N$ より，$F_{gB}<\mu_s F_{gAC}$。これより F_{gAC} の最小値は $F_{gB}/\mu_s=(22\text{N})/(0.20)=110$ N。Aの重さは44Nだから Cの重さは $110\text{N}-44\text{N}=66\text{N}$。

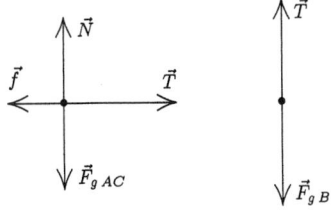

(b) このときのブロックAの運動方程式は $T-f=(F_{gA}/g)a$ $(x$ 方向$)$ と $N-F_{gA}=0$ $(y$ 方向$)$。ブロックBについては $F_{gB}-T=(F_{gB}/g)a$。摩擦力は $f=\mu_k N$。第2式より $N=F_{gA}$。したがって $f=\mu_k F_{gA}$。第3式より $T=F_{gB}-(F_{gB}/g)a$。これらを第1式に代入すると，
$$a=\frac{g(F_{gB}-\mu_k F_{gA})}{F_{gA}+F_{gB}}=\frac{(9.8 \text{ m/s}^2)(22\text{N}-(0.15)(44\text{N}))}{44\text{N}+22\text{N}}=2.3 \text{ m/s}^2$$

6-7. 水平右向きに $+x$，鉛直上向きに $+y$ をとる。15 N の力の x 成分と y 成分はそれぞれ $F_x=F\cos\theta$, $F_y=-F\sin\theta$ である。

(a) y 方向の運動方程式は $N-F\sin\theta-mg=0$ だから $N=(15)\sin 40°+(3.5)(9.8)=44$ N。これより摩擦力は $f_k=\mu_k N=(0.25)(44\text{ N})=11$ N。

(b) x 方向の運動方程式は $F\cos\theta-f_k=ma$ だから
$$a=\frac{(15 \text{ N})\cos 40°-11 \text{ N}}{3.5 \text{ kg}}=0.14 \text{ m/s}^2$$

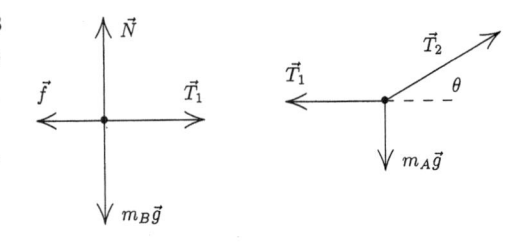

6-8. ブロックBと結び目の力の作用図を示す。ブロックBを引っ張るひもの張力を $\vec{T}_1$, 壁と結び目の間のひもの張力 $\vec{T}_2$, ブロックBに働く摩擦力を $\vec{f}$, 垂直抗力を $\vec{N}$, 重力を $m_B\vec{g}$, ブロックAに働く重力を $m_A\vec{g}$ とする。水平右向きに $+x$，鉛直上向きに $+y$ をとる。ブロックBの運動方程式は，
$$T_1-f_{s,\max}=0 \ (x \text{方向}) \quad \text{と} \quad N-m_B g=0 \ (y \text{方向})$$
結び目については
$$T_2\cos\theta-T_1=0 \ (x \text{方向}) \quad \text{と} \quad T_2\sin\theta-m_A g=0 \ (y \text{方向})$$
第2式より $N=m_B g=711$N。第1式より $T_1=f_{s,\max}=\mu_s N=(0.25)(711\text{ N})=178$ N。第3式と第4式より，
$$m_A g=T_1\tan\theta=(178 \text{ N})\tan 30°=103 \text{ N}\approx 100 \text{ N}$$

6-9. それぞれのブロックについて力の作用図を図に示す。F' はブロック間に働く力の大きさを表す。$\vec{f}_s$ は最大値となっているので $f_s=f_{s,\max}=\mu_s F'$。水平右向きに $+x$，鉛直上向きに $+y$ をとる。

2つのブロックを一体のものと考えると，運動方程式から $a=F/(m+M)$。小さいブロックの運動方程式は，$F-F'=ma$ $(x$ 方向$)$, $f_s-mg=\mu_s F'-mg=0$ $(y$ 方向$)$。両式から F' を消去すると， 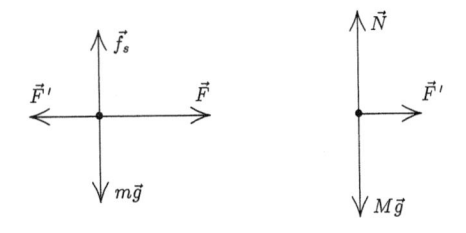
$$F=\frac{mg}{\mu_s\left(1-\dfrac{m}{m+M}\right)}=\frac{(16 \text{ kg})(9.8 \text{ m/s}^2)}{(0.38)\left(1-\dfrac{16 \text{ kg}}{16 \text{ kg}+88 \text{ kg}}\right)}=490 \text{ N}$$

6-10. 2つの箱について力の作用図を図に示す。T は棒の張力の大きさ（$T>0$ のとき棒は伸び，$T<0$ のとき縮む），$\vec{N}_1$ と $\vec{N}_2$ はそれぞれの箱に働く垂直抗力，$\vec{f}_1$ と $\vec{f}_2$ は摩擦力を表す。どちらの箱についても斜面に沿って右下向きに $+x$ をとり，垂直抗力の向きに $+y$ をとる。箱2の運動方程式は，

$$m_2 g \sin\theta - f_2 - T = m_2 a \ (x\text{方向}), \quad N_2 - m_2 g \cos\theta = 0 \ (y\text{方向})$$

箱1については

$$m_1 g \sin\theta - f_1 + T = m_1 a \ (x\text{方向}),$$
$$N_1 - m_1 g \cos\theta = 0 \ (y\text{方向})$$

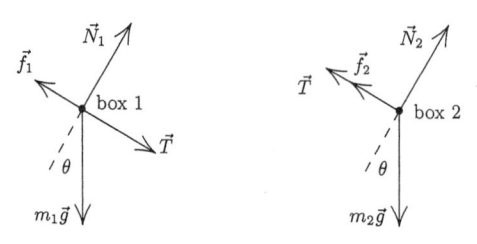

(a) 第1式と第3式から a を消去すると,

$$g\sin\theta - \frac{f_2}{m_2} - \frac{T}{m_2} = g\sin\theta - \frac{f_1}{m_1} + \frac{T}{m_1}$$

この式に $f_1 = \mu_1 N_1$ を $f_2 = \mu_2 N_2$ 代入し,さらに第2式と第4式を使って N_1 と N_2 と書き換えると,

$$g\sin\theta - \mu_2 g\cos\theta - \frac{T}{m_2} = g\sin\theta - \mu_1 g\cos\theta + \frac{T}{m_1}$$

これを T について解くと,

$$T = \left(\frac{m_1 m_2 g}{m_1 + m_2}\right)(\mu_1 - \mu_2)\cos\theta = 1.05 \text{ N}$$

(b) 第1式より,

$$a = g\sin\theta - \mu_2 g\cos\theta - \left(\frac{m_1 g}{m_1 + m_2}\right)(\mu_1 - \mu_2)\cos\theta = g\left(\sin\theta - \left(\frac{\mu_1 m_1 + \mu_2 m_2}{m_1 + m_2}\right)\cos\theta\right) = 3.62 \text{ m/s}^2$$

(c) 箱の交換は添字の1と2を入れ替えることに対応する。棒の張力の符号が変わるので(大きさは変わらない)棒は縮むが,(b)の答えと同じ加速度で滑り落ちる。

6-11. 板とブロックの力の作用図を図に示す。$\vec{F}$ を 100 N の力,$\vec{N}_s$ を板に働く垂直抗力,N_b を板とブロックの間に働く垂直抗力の大きさ,$\vec{f}$ を板とブロックの間の摩擦力,m_s と m_b を板とブロックの質量とする。板とブロックのどちらについても左向きに $+x$,鉛直上向きに $+y$ をとる。板の運動方程式は

$$f = m_s a_s \ (x\text{方向}), \quad N_s - N_b - m_s g = 0 \ (y\text{方向})$$

ブロックについては

$$F - f = m_b a_b \ (x\text{方向}), \quad N_b - m_b g = 0 \ (y\text{方向})$$

最大静止摩擦力は

$$f_{s,\max} = \mu_s N_b = \mu_s m_b g = (0.60)(10 \text{ kg})(9.8 \text{ m/s}^2) = 59 \text{ N}$$

ブロックが板の上で滑らないと仮定すると $a_s = a_b$。運動方程式の第1式と第3式を f について解くと,

$$f = \frac{m_s F}{m_s + m_b} = \frac{(40 \text{ kg})(100 \text{ N})}{40 \text{ kg} + 10 \text{ kg}} = 80 \text{ N}$$

この値は $f_{s,\max}$ より大きいのでブロックは滑ると結論される。

(a) $f = \mu_k N_b$ より,$a_b = \dfrac{F - \mu_k m_b g}{m_b} = \dfrac{F}{m_b} - \mu_k g = \dfrac{100 \text{ N}}{10 \text{ kg}} - (0.40)(9.8 \text{ m/s}^2) = 6.1 \text{ m/s}^2$

(b) $a_s = \dfrac{\mu_k m_b g}{m_s} = \dfrac{(0.40)(10 \text{ kg})(9.8 \text{ m/s}^2)}{40 \text{ kg}} = 0.98 \text{ m/s}^2$

6-12. 抵抗力を表す式として $D = (1/2)C\rho A v^2$ を使う。ただし,ρ は空気の密度,A はミサイルの断面積,v はミサイルの速さ,C は抵抗係数である。断面積は $A = \pi R^2$ で与えられる。数値を代入すると,

$$D = (1/2)(0.75)(1.2 \text{ kg/m}^3)\pi(0.265 \text{ m})^2(250 \text{ m/s})^2 = 6.2\times 10^3 \text{ N}$$

6-13. ジェット機とプロペラ機に働く抵抗力をそれぞれ $D_j = (1/2)C\rho_j A v_j^2$,$D_p = (1/2)C\rho A v_p^2$ とすると,

第6章

$$\frac{D_j}{D_p}=\frac{\rho_1 v_j^2}{\rho_2 v_p^2}=\frac{(0.38\ \text{kg/m}^3)(1000\ \text{km/h})^2}{(0.67\ \text{kg/m}^3)(500\ \text{km/h})^2}=2.3$$

6-14. 半径 R のカーブを速さ v で走るとき，F1マシンの加速度の大きさは v^2/R で与えられる。路面が水平であるから，この加速度の源は路面とタイヤの間の摩擦力のみである。水平方向の運動方程式は，マシンの質量を m とすると $f=mv^2/R$。鉛直方向の運動方程式は，路面からの垂直抗力を N とすると $N-mg=0$。最大静止摩擦力は $f_{s,\max}=\mu_s N=\mu_s mg$。タイヤが滑らないという条件から $f\leq \mu_s mg$，すなわち $v^2/R\leq \mu_s g \Rightarrow v\leq \sqrt{\mu_s gR}$。これより

$$v_{\max}=\sqrt{\mu_s gR}=\sqrt{(0.60)(9.8\ \text{m/s}^2)(30.5\ \text{m})}=13\ \text{m/s}$$

6-15. ジェットコースターがレールから受ける垂直抗力が上向きであると仮定する。鉛直上向きを $+y$ とすると，向心加速度の向きは下向きになる。したがって運動方程式は

$$N-mg=m\left(-\frac{v^2}{r}\right)$$

(a) $v=11\ \text{m/s}$ を代入すると，$N=3.7\times 10^3\ \text{N}$。$N$ は正だから $\vec{N}$ は上向き。

(b) $v=14\ \text{m/s}$ を代入すると $N=-1.3\times 10^3\ \text{N}$。負符号は $\vec{N}$ が下向きであることを表している。

6-16. 錘が静止しているから，ひもの張力の大きさ T と Mg は等しい。この張力が向心力となってパックを一定の円軌道上にとどめているので $T=mv^2/r$。したがって

$$Mg=\frac{mv^2}{r}\implies v=\sqrt{\frac{Mgr}{m}}$$

6-17. (a) ゴンドラの中の学生が，最高点でいすから上向きに受ける力の大きさ556Nは，この学生の重さ667Nより小さい。したがって"見かけの重さ"は小さくなる。

(b) 鉛直上向きを正の向きにとり，R を観覧車の半径とすると，最高点での運動方程式は

$$-\frac{mv^2}{R}=N_t-mg=556\ \text{N}-667\ \text{N}=-111\ \text{N}$$

最下点では

$$\frac{mv^2}{R}=N_b-mg\implies N_b=\frac{mv^2}{R}+mg=111\ \text{N}+667\ \text{N}=778\ \text{N}$$

(c) v が2倍になると mv^2/R は4倍，すなわち444Nになる。したがって，最高点での垂直抗力は $667\ \text{N}-444\ \text{N}=223\ \text{N}$。

6-18. 飛行機の力の作用図を図に示す。飛行機の質量を m，旋回半径を R，空気から受ける揚力を $\vec{F}_\ell$ とする。加速度 $\vec{a}$ は水平で図の右を向いている。水平右向きを $+x$，鉛直上向きを $+y$ とすると，運動方程式は $F_\ell \sin\theta=mv^2/R$（x方向），$F_\ell \cos\theta=mg$（y方向）；ただし $v=480\ \text{km/h}=133\ \text{m/s}$，$\theta=40°$ である。これより

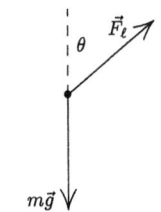

$$\tan\theta=\frac{v^2}{gR}\implies R=\frac{v^2}{g\tan\theta}=\frac{(133\ \text{m/s})^2}{(9.8\ \text{m/s}^2)\tan 40°}=2.2\times 10^3\ \text{m}$$

6-19. (a) ボールの力の作用図を図に示す。上のひもの張力を $\vec{T}_u$，下のひもの張力を $\vec{T}_\ell$，ボールの質量を m とする。上のひもの張力の方が大きいことに注意しよう。

(b) 水平左向きに $+x$，鉛直上向きに $+y$ をとる。運動方程式は $T_u\cos\theta+T_\ell\cos\theta=mv^2/R$（$x$方向），$T_u\sin\theta-T_\ell\sin\theta-mg=0$（$y$方向）。第2式から，

$$T_\ell=T_u-\frac{mg}{\sin\theta}=35-\frac{(1.34)(9.8)}{\sin 30°}=8.74\ \text{N}$$

(c) 正味の力の鉛直方向成分はゼロ。水平成分は

$$F_{\text{net}}=(T_u+T_\ell)\cos\theta=(35+8.74)\cos 30°=37.9\ \text{N}$$

(d) ボールの回転半径は $R=(1.70m)\cos 30°$。F_{net} が向心力だから

$$F_{\text{net}}=\frac{mv^2}{R}\implies v=\sqrt{\frac{RF_{\text{net}}}{m}}\sqrt{\frac{(1.47\ \text{m})(37.9\ \text{N})}{1.34\ \text{kg}}}=6.45\ \text{m/s}$$

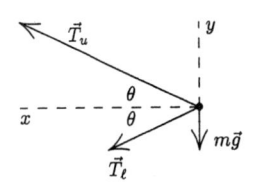

第 7 章

7-1. (a) 隕石の運動エネルギーの変化は，
$$\Delta K = K_f - K_i = -K_i = -\frac{1}{2}m_i v_i^2 = -\frac{1}{2}(4\times 10^6 \text{ kg})(15\times 10^3 \text{ m/s})^2 = -5\times 10^{14}\text{J}$$
負符号は運動エネルギーが減少したことを示す。

(b) このエネルギーを TNT 火薬のメガトン単位で表すと，
$$-\Delta K = (-5\times 10^{14}\text{J})\left(\frac{1 \text{ メガトン TNT}}{4.2\times 10^{15}\text{J}}\right) = 0.1 \text{ メガトン TNT}。$$

(c) 隕石の衝突のエネルギーが原爆何個分に相当するかは，1 メガトン＝1000 キロトンであるから，比を取って，$N = 0.1\times 1000$ キロトン TNT/13 キロトン TNT＝8 個分。

7-2. 必要ならば単位を SI 単位に置き換える。$K = (1/2)mv^2$ を用いて，

(a) $K = (1/2)(110 \text{ kg})(8.1 \text{ m/s})^2 = 3.6\times 10^3 \text{J}$

(b) $1000 \text{ g} = 1 \text{ kg}$ なので，$K = (1/2)(4.2\times 10^{-3} \text{ kg})(950 \text{ m/s})^2 = 1.9\times 10^3 \text{J}$

(c) 船の航行速度をノットから m/s への変換する；1 knot＝1.688 ft/s，1 ft＝0.3048 m を用いる。
$$K = \frac{1}{2}\left((91400 \text{ 米トン})\frac{907.2 \text{ kg}}{\text{米トン}}\right)\left(\frac{(32 \text{ knots})(1.688 \text{ ft/s})(0.3048 \text{ m/ft})}{\text{knot}}\right)^2 = 1.1\times 10^{10} \text{ J}$$

7-3. (a) 作業員が箱に及ぼした力は一定なので，仕事は $W_F = \vec{F}\cdot\vec{d} = Fd\cos\phi$；$\vec{F}$ は力，$\vec{d}$ は箱の変位，ϕ は力の向きと変位の向きの間の角である。これより，$W_F = (210\text{N})(3.0\text{m})\cos 20° = 590 \text{ J}$

(b) 重力は下向きで箱の変位とは直角だから $\cos 90° = 0$。したがって，重力のした仕事はゼロ。

(c) 床からの垂直抗力も箱の変位とは直角である。したがって，抗力がした仕事もゼロ。

(d) 箱に作用した力で仕事をしたのはひとつだけだから，正味の仕事は 590 J である。

7-4. (a) 力は一定なので，それぞれの力によってなされた仕事は $W_F = \vec{F}\cdot\vec{d}$ で表される；$\vec{d}$ は変位。ϕ_1 を $\vec{F}_1$ と変位のなす角とすると，$W_1 = F_1 d\cos\phi_1 = (5.00 \text{ N})(3.00 \text{ m})\cos 0° = 15.0 \text{ J}$。$\vec{F}_2$ と変位のなす角は $120°$ だから，$W_2 = F_2 d\cos\phi_2 = (9.00 \text{ N})(3.00 \text{ m})\cos 120° = -13.5 \text{ J}$。$\vec{F}_3$ は変位に垂直なので $\cos 90° = 0$，したがって，$W_3 = F_3 d\cos\phi_3 = 0$。これより正味の仕事は，
$$W = W_1 + W_2 + W_3 = 15.0 \text{ J} - 13.5 \text{ J} + 0 = +1.5 \text{ J}$$

(b) 正味の仕事が正なので，仕事－運動エネルギーの定理より，箱の運動エネルギーは移動中に 1.5 J 増加した。

7-5. 仕事－運動エネルギーの定理より，
$$W = \Delta K = \frac{1}{2}mv_f^2 - \frac{1}{2}mv_i^2 = \frac{1}{2}(2.0 \text{ kg})\left[(6.0 \text{ m/s})^2 - (4.0 \text{ m/s})^2\right] = 20 \text{ J}$$
速度 v_f と v_i の方向は仕事の計算になんら影響を及ぼさないことに注意。

7-6. (a) 缶は加速されないので，引き上げる力は物体の重量に等しく，引っ張る力の大きさはひもの張力に等しい。ひもの張力は缶に作用する重力の半分である：$2T = mg$。$F = T$ だから，$F = (1/2)(20 \text{ kg})(9.8 \text{ m/s}^2) = 98 \text{ N}$。

(b) 缶を 0.020 m 引き上げるためには，缶を吊っている滑車の両方のひもがそれだけ短くならなければならない。したがって $d = 0.040$ m だけ左端を引っ張ればよい。

(c) ひもの左端において，F と d はどちらも下向きなので，$W = \vec{F}\cdot\vec{d} = (98\text{N})(0.040 \text{ m}) = 3.9 \text{ J}$。

(d) 重力 F_g（大きさ mg）は缶の移動（大きさ $d_c = 0.020$ m）と逆向きなので，
$$W = F_g \cdot d_c = -(196 \text{ N})(0.020 \text{ m}) = -3.9 \text{ J}$$
運動エネルギーには変化がないので，ひもに加えた力と重力が缶に及ぼす力の和はゼロになる。

7-7. (a) 質量 m の氷に働く重力の斜面方向の成分は $mg\sin\theta$。斜面の角度は $\theta = \sin^{-1}(0.91/1.5)$。氷は等速で下降するので，作業員が押し上げている力 F は $mg\sin\theta$ に等しい。したがって，

第 7 章　　　　　　　　　　　　　　　　　　　　　　　　　　　　　　　　　　　　　　55

$$F = mg\sin\theta = (45\text{ kg})(9.8\text{ m/s}^2)(0.91\text{ m}/1.5\text{ m}) = 2.7\times10^2\text{ N}$$

(b) 下降した向きは F と逆向きなので，作業員によってされた仕事は，
$$W_1 = -(2.7\times10^2\text{ N})(1.5\text{ m}) = -4.0\times10^2\text{ J}$$

(c) 鉛直方向の移動は下向きに 0.91 m なので(重力と同じ方向)，重力によってされた仕事は，
$$W_2 = (45\text{ kg})(9.8\text{ m/s}^2)(0.91\text{ m}) = 4.0\times10^2\text{ J}$$

(d) 垂直抗力 N は物体の移動方向に垂直なので，仕事 $W_3=0$ である ($\cos 90°=0$)。

(e) 物体は加速されていないので正味の力 F_{net} はゼロ。これはすべての仕事を加えることによってもわかる ($W_1+W_2+W_3=0$)。

7-8. (a) ロープが宇宙飛行士に及ぼした上向きの力を F とする。重力 mg は下向き，加速度は上向きで大きさは $g/10$。ニュートンの法則より，$F-mg=mg/10$ だから $F=11\,mg/10$。力 $\vec{F}$ と変位 $\vec{d}$ は同じ向きなので，$\vec{F}$ によってなされた仕事は，
$$W_F = Fd = 11\,mgd/10 = 11(72\text{ kg})(9.8\text{ m/s}^2)(15\text{ m})/10 = 1.164\times10^4\text{ J}$$
有効数字を考慮して $1.2\times10^4\text{ J}$。

(b) 大きさ mg の重力は変位と逆向きだから，重力によってなされた仕事は，
$$W_g = -mgd = -(72\text{ kg})(9.8\text{ m/s}^2)(15\text{ m}) = -1.058\times10^4\text{ J} = -1.1\times10^4\text{ J}$$

(c) 正味の仕事は，$W = 1.164\times10^4\text{ J} - 1.058\times10^4\text{ J} = 1.06\times10^3\text{ J}$。宇宙飛行士は最初静止していたので，仕事-運動エネルギーの定理より，$1.1\times10^3\text{ J}$ は宇宙飛行士の得た運動エネルギーである。

(d) $K=(1/2)mv^2$ より，宇宙飛行士の速さは $v = \sqrt{2K/m} = \sqrt{2(1.06\times10^3\text{ J})/72\text{ kg}} = 5.4\text{ m/s}$。

7-9. (a) ばね定数は $k=1500\text{ N/m}$ で $x=0.0076\text{ m}$ 引き伸ばされている。右向きに $+x$ をとると，仕事は，
$$W = -\frac{1}{2}kx^2 = -\frac{1}{2}(1500)(0.0076)^2 = -0.043\text{ J}$$

(b) $x_i = 0.0076\text{ m}$, $x_f = 2x = 0.0152\text{ m}$ とすると，
$$W = \frac{1}{2}k(x_i^2 - x_f^2) = \frac{1}{2}k(x^2 - 4x^2) = -\frac{3}{2}kx^2 = -\frac{3}{2}(1500)(0.0076)^2 = -0.13\text{ J}$$
変位が同じなのに，この値は (a) の結果より大きい；作用している力が大きいからである。

7-10. (a) ばねの縮みは $d=0.12\text{ m}$ なので，重力によってブロックになされた仕事は，
$$W_1 = mgd = (0.25\text{ kg})(9.8\text{ m/s}^2)(0.12\text{ m}) = 0.29\text{ J}$$

(b) ばねによってブロックになされた仕事は，
$$W_2 = -\frac{1}{2}kd^2 = -\frac{1}{2}(250\text{ N/m})(0.12\text{ m})^2 = -1.8\text{ J}$$

(c) ばねに衝突する直前のブロックの速さは，仕事-運動エネルギーの定理より，$\Delta K = 0 - \frac{1}{2}mv_i^2 = W_1+W_2$ であるから，
$$v_i = \sqrt{\frac{(-2)(W_1+W_2)}{m}} = \sqrt{\frac{(-2)(0.29-1.8)}{0.25}} = 3.5\text{ m/s}$$

(d) もし $v_i'=7\text{ m/s}$ ならば，上の解法の過程を逆にたどって，d' について解けば良い。仕事-運動エネルギーの定理より，
$$0 - \frac{1}{2}mv_i'^2 = W_1' - W_2' = mgd' - \frac{1}{2}kd'^2$$
これより，$d' = (mg + \sqrt{m^2g^2 + mkv_i'^2})/k$。値を代入すると $d' = 0.23\text{ m}$。ここでは正確な結果を導出するために，途中の計算結果，たとえば $v_i = \sqrt{12.048} = 3.471\text{ m/s}$ などは，桁数を多くとって計算した。

7-11. グラフを見ると加速度 a は座標 x に比例しているので，α をグラフの傾きとして，$a=\alpha x$ と表される。ただし，$\alpha = (20\text{ m/s}^2)/(8.0\text{ m}) = 2.5\text{ s}^{-2}$ である。煉瓦に作用する力は x の正の向きであり，ニュートンの法則によって大きさは $F=ma=m\alpha x$ である。x_f を終点の座標とすれば，力によってなされた仕事は，
$$W = \int_0^{x_f} F\,dx = m\alpha \int_0^{x_f} x\,dx = \frac{m\alpha}{2}x_f^2 = \frac{(10)(2.5)}{2}(8.0)^2 = 800\text{ J}$$

7-12. グラフに示された"面積"(x 軸とグラフの間の面積：グラフが負のときは面積も負)が仕事を表す。初期位置を $x=0$，初速度を $v_0=4.0\text{ m/s}$ として，仕事-運動エネルギーの定理を利用する。

(a) $K_0=(1/2)mv_0^2=16$ J だから，$K_3-K_0=W_{0<x<1}+W_{1<x<2}+W_{2<x<3}=2-2-4=-4$ J。したがって，K_3（$x=3.0$ m における運動エネルギー）は 12 J である。

(b) SI 単位では $W_{3<x<x_f}$ を $F_x\Delta x=(-4)(x_f-3.0)$ と書ける。仕事－運動エネルギーの定理を適用すると，$K_{x_f}-K_3=W_{3<x<x_f}$, $K_{x_f}-12=(-4)(x_f-3.0)$。したがって $K_{x_f}=8$ J となるのは $x_f=4.0$ m。

(c) 仕事が正であれば運動エネルギーは増加する。このような区間は，グラフより，$x=1.0$ m までである。$x=1.0$ m のとき $K_1=K_0+W_{0<x<1}=16+2=18$ J。

7-13. 教科書の式(7-36)を用いると，
$$W=\int_{x_i}^{x_f}F_x dx+\int_{y_i}^{y_f}F_y\,dy=\int_2^{-4}(2x)\,dx+\int_3^{-3}(3)\,dy=[x^2]_2^{-4}+[3y]_3^{-3}=12-18=-6\text{ J}$$

7-14. エレベーターは加速されていないので，ケーブルによる力は総重量に等しい。ケーブルの力とエレベーターの運動方向は同じだから $\theta=0°$。
$$P=Fv\cos\theta=mg\left(\frac{\Delta y}{\Delta t}\right)=(3.0\times 10^3\text{ kg})(9.8\text{ m/s}^2)\left(\frac{210\text{ m}}{23\text{ s}}\right)=2.7\times 10^5\text{ W}$$

7-15. (a) 仕事率は $P=Fv$ で与えられ，力 $\vec{F}$ によって時刻 t_1 から t_2 までになされた仕事は，
$$W=\int_{t_1}^{t_2}P\,dt=\int_{t_1}^{t_2}Fv\,dt$$
$\vec{F}$ は正味の力だから，加速度の大きさは $a=F/m$，初速度が $v_0=0$ だから，時間の関数である速度は，$v=v_0+at=(F/m)t$。したがって，
$$W=\int_{t_1}^{t_2}(F^2/m)t\,dt=\frac{F^2}{2m}(t_2^2-t_1^2)$$
$t_1=0$ と $t_2=1.0$ s を代入すると，
$$W=\frac{1}{2}\frac{(5.0\text{ N})^2}{15\text{ kg}}(1.0\text{ s})^2=0.83\text{ J}$$

(b) $t_1=1.0$ s と $t_2=2.0$ s を代入すると，
$$W=\frac{1}{2}\frac{(5.0\text{ N})^2}{15\text{ kg}}((2.0\text{ s})^2-(1.0\text{ s})^2)=2.5\text{ J}$$

(c) $t_1=2.0$ s と $t_2=3.0$ s を代入すると，
$$W=\frac{1}{2}\frac{(5.0\text{ N})^2}{15\text{ kg}}((3.0\text{ s})^2-(2.0\text{ s})^2)=4.2\text{ J}$$

(d) $v=(F/m)t$ を $P=Fv$ に代入することによって，どんな時刻においても仕事率 $P=F^2t/m$ が得られる。3 秒後の仕事率は，
$$P=\frac{(5.0\text{ N})^2(3.0\text{ s})}{15\text{ kg}}=5.0\text{ W}$$

7-16. (a) 傾斜部でベルトから荷物に働く力 $\vec{F}$ は，垂直抗力と摩擦力の和(19.6N の重力とつり合う)であり，大きさは $F=mg$，向きは上向きである。ベルトの運動方向と $\vec{F}$ の間の角 ϕ は 80° なので，
$$P=Fv\cos\phi=(19.6)(0.50)\cos 80°=1.7\text{ W}$$

(b) ベルトの運動方向と F の間の角度は 0° なので，$P=0$。

(c) ここではベルトの運動方向と F の間の角度は 100° なので，
$$P=Fv\cos\phi=(19.6)(0.50)\cos 100°=-1.7\text{ W}$$

7-17. 加速度は一定なので，教科書の表 2-1 の式を利用できる。運動の方向を $+x$ 方向とし，x 方向に沿って $m=2.0$ kg の物体に作用している力を F とする。

(a) $v_0=0$ だから $a=v/t$。これより $\Delta x=(1/2)vt$ が得られ，ニュートンの第 2 法則 $F=ma$ を用いると，
$$W=F\Delta x=m\left(\frac{v}{t}\right)\left(\frac{1}{2}vt\right)=\frac{1}{2}mv^2$$
これは仕事－運動エネルギーの定理から予想されたことであり，$v=10$ m/s より，$W=100$ J。

(b) 瞬間的な仕事率は $P=\vec{F}\cdot\vec{v}$ によって与えられる。$t=3.0$ s では，$P=Fv=m(v/t)v=67$ W。

(c) $t'=1.5$ s の速さは $v'=at'=5.0$ m/s だから，$P'=Fv'=33$ W。

第8章

8-1. (a) 鉛直方向の変位は下向き(F_g と同じ向き)に $10.0-1.5=8.5$m。したがって，
$$W_g = mgd\cos\theta = (2.00)(9.8)(8.5)\cos 0° = 167 \text{ J}$$
(b) $+y$ を上向きにとり，重力ポテンシャルエネルギー $U=mgy$ を計算する；
$$\Delta U = mgy_f - mgy_i = (2.00)(9.8)(1.5) - (2.00)(9.8)(10.0) = -167 \text{J}$$
(c) $y_i = 10$ m だから $U_i = mgy_i = 196$ J。
(d) $y_f = 1.5$m だから $U_f = mgy_f = 29$ J。
(e) W_g の計算に新しい情報(地上における $U_0=100$ J)は必要ない。$W_g=167$ J である。
(f) $\Delta U = -W_g = -167$J。
(g) 地上($y=0$)における $U_0=100$ J を使って，$U_i = mgy_i + U_0 = 296$ J。
(h) 同じように $U_0=100$J を使って，$U_f = mgy_f + U_0 = 129$ J。

8-2. W_g の計算には $W_g = mgd\cos\phi$ を，U の計算には $U=mgy$ を用いる。
(a) 初期位置から A 点までの変位は水平方向($\phi=90°$)だから，$W_g=0$。
(b) 初期位置から B 点までの変位の鉛直成分は下向きに $h/2$($\vec{F_g}$ と同じ向き)。したがって，
$$W_g = \vec{F_g}\cdot\vec{d} = mgh/2$$
(c) 初期位置から C 点までの変位の鉛直成分は下向きに h($\vec{F_g}$ と同じ向き)。したがって，
$$W_g = \vec{F_g}\cdot\vec{d} = mgh$$
(d) C 点を基準とすると $U_B = mgh/2$。
(e) C 点を基準とすると $U_A = mgh$。
(f) 上のすべての答えは質量 m に比例するので，質量が2倍になれば，結果も2倍になる。

8-3. (a) ボールに働いて仕事をする唯一の力は重力である；棒の張力はボールの運動方向に常に垂直なので仕事をしない。ボールは初期位置から最下点まで移動する間に，鉛直方向には，棒の長さ L だけ下降するので，重力がする仕事は mgL。
(b) ボールが初期位置から最高点まで移動する間に，鉛直方向には，重力とは逆向きに棒の長さ L だけ上昇するので，重力のする仕事は $-mgL$。
(c) ボールの高さは初期位置の高さと同じである。ここでの移動は水平方向で，重力の向きとは垂直であるから，重力は仕事をしない。
(d) 重力は保存力である。ボール–地球系のポテンシャルエネルギーの変化は，重力によってされた仕事の逆符号である；したがって，ボールが最下点にあるときのポテンシャルエネルギーは $\Delta U = -mgL$。
(e) 同じ理由で，最高点にあるときのポテンシャルエネルギーは $\Delta U = mgL$。
(f) 同じ理由で，初期位置と同じ高さにあるときのポテンシャルエネルギーは $\Delta U=0$。
(g) 重力ポテンシャルエネルギーの変化は，ボールの初期位置と最後の位置にのみ依存して，速さには全く依存しない。初期位置と最終位置が同じであれば，ポテンシャルエネルギーの変化も同じである。

8-4. 摩擦力などによって散逸するエネルギーは無視して，力学的エネルギーの保存則($K_i+U_i=K_f+U_f$)を用いる。
(a) 問題 8-1 では，地面を基準点として，$U_i = mgy_i = 196$ J，$U_f = mgy_f = 29$ J であった。初期運動エネルギーは $K_i=0$ だから，$0+196 = K_f+29$ より，$K_f = 167$ J。したがって，
$$v = \sqrt{\frac{2K_f}{m}} = \sqrt{\frac{2(167)}{2.00}} = 12.9 \text{m/s}$$
(b) (a)の代数計算を進めると $K_f = -\Delta U = mgh$。$h = y_i - y_f$ なので，K_f は正の値をもつ。したがって，$v = \sqrt{2K_f/m} = \sqrt{2gh}$。この結果は，教科書の表 2-1 の式(2-16)からも導かれる。答が質量に依存し

ないから，(b)の答は(a)の答と同じである。

(c) もし $K_i \neq 0$ ならば，$K_f = mgh + K_i$（ここで K_i は正の値である）。これより K_f は (a) で求めた値より大きくなり，v も大きな値になる。

8-5. 摩擦力などによって散逸するエネルギーは無視して，力学的エネルギーの保存則を用いる。

(a) 問題 8-3 では，初期位置から最高点までのポテンシャルエネルギーの変化は $\Delta U = mgL$。$\Delta K + \Delta U = 0$ より $K_{\text{top}} - K_0 + mgL = 0$。$K_{\text{top}} = 0$ だから $K_0 = mgL$。したがって，
$$v = \sqrt{\frac{2K_0}{m}} = \sqrt{2gL}$$

(b) 同じく問題 8-3 より，初期位置から最下点までのポテンシャルエネルギーの変化は $\Delta U = -mgL$。$\Delta K + \Delta U = 0$ より $K_{\text{bottom}} - K_0 - mgL = 0$。$K_0 = mgL$，$K_{\text{bottom}} = 2mgL$ だから，
$$v_{\text{bottom}} = \sqrt{\frac{2K_{\text{bottom}}}{m}} = \sqrt{4gL}$$

(c) 初期位置から右側の位置までに高さの変化はないので $\Delta U = 0$，すなわち $\Delta K = 0$ である。したがって，速さは初速と同じ $\sqrt{2gL}$。

(d) 以上の結果より，速さが質量に依存しないことは明らか。質量の異なるボールでも同じ結果になる。

8-6. 摩擦力などによって散逸するエネルギーは無視して，力学的エネルギーの保存則を用いる。

(a) 問題 8-2 では，C 点を基準にした A 点のポテンシャルエネルギーは $U_A = mgh$。この値は U_0 と等しいので $K_A = K_0$，したがって $v_A = v_0$。

(b) 問題 8-2 では，$U_B = mgh/2$。$K_0 + U_0 = K_B + U_B$ より
$$\frac{1}{2}mv_0^2 + mgh = \frac{1}{2}mv_B^2 + \frac{mgh}{2}$$
これより，$v_B = \sqrt{v_0^2 + gh}$。

(c) 同様に，$v_C = \sqrt{v_0^2 + 2gh}$。

(d) 最終的な高さを求めるために $K_f = 0$ とおく。$K_0 + U_0 = K_f + U_f$ より $(1/2)mv_0^2 + mgh = 0 + mgh_f$。これより，$h_f = h + v_0^2/2g$。

(e) 以上の結果が質量に依存しないのは明らか。ジェットコースターの質量が異なっても結果は同じになる。

8-7. 数値を SI 単位に変換し，鉛直上向きを $+y$ 方向にとる。自然長にあるばねの上端の位置を座標の原点とすると，石を載せて縮んだばねの上端の位置は $y_0 = -0.100$ m，さらに押し縮めたとき位置は $y_1 = -0.400$ m。

(a) もし石が平衡状態にあれば $a = 0$ だから，ニュートンの第 2 法則（$F_{\text{net}} = ma$）より $F_{\text{spring}} - mg = 0$。フックの法則を使うと，$-k(-0.100) - (8.00)(9.8) = 0$。これより，ばね定数は $k = 784$ N/m。

(b) さらに押し縮めてから放すと，加速度はゼロではなく，石は上向きに運動を始めて，ばねに蓄えられていた弾性ポテンシャルエネルギーが運動エネルギーに変わる。放された瞬間のばねのポテンシャルエネルギーは，$U = (1/2)ky_1^2 = (1/2)(784)(-0.400)^2 = 62.7$ J

(c) 石の最高点 y_2 は，石がばねから離れる位置よりも高く，石の速さがゼロになる点である。y_1 の位置を重力ポテンシャルエネルギーの原点とすれば，$K_1 + U_1 = K_2 + U_2$ より $0 + (1/2)ky_1^2 = 0 + mgh$；$h = y_2 - y_1$ はばねが放された位置からの高さ。石-地球系の重力ポテンシャルエネルギー mgh は，(b) の答と同じ 62.7 J。

(d) したがって，$h = ky_1^2/2mg = 0.800$ m。

8-8. 摩擦力などによって散逸するエネルギーは無視して，力学的エネルギーの保存則を用いる。ポテンシャルエネルギー U の原点を錘の最下点とする。

(a) θ を鉛直線からの角とすると，錘の高さは $h = L - L\cos\theta$。したがって，初期位置での重力ポテンシャルエネルギーは $U = mgL(1 - \cos\theta_0)$。$K_0 + U_0 = K_f + U_f$ より $(1/2)mv_0^2 + mgL(1 - \cos\theta_0) = (1/2)mv^2 + 0$。これより，
$$v = \sqrt{\frac{2}{m}\left(\frac{1}{2}mv_0^2 + mgL(1 - \cos\theta_0)\right)} = \sqrt{v_0^2 + 2gL(1 - \cos\theta_0)}$$

(b) 振り子が水平な位置に到達するための初速を求める。すなわち，$\theta=90°$（または$\theta=-90°$）のときに$v_h=0$となるようなv_0を求める。$K_0+U_0=K_h+U_h$より $(1/2)mv_0^2+mgL(1-\cos\theta_0)=0+mgL$。これより，$v_0=\sqrt{2gL\cos\theta_0}$。

(c) 振り子が最高点に達したときにひもが伸びているためには，向心力が重力より大きくなければならない（少なくとも等しくなければならない）：
$$\frac{mv_t^2}{r}=mg \implies mv_t^2=mgL$$
ただし$r=L$。これを最高点（$\theta=180°$）における運動エネルギーの式に代入する。$K_0+U_0=K_t+U_t$より
$$\frac{1}{2}mv_0^2+mgL(1-\cos\theta_0)=\frac{1}{2}mv_t^2+mgL(1-\cos 180°)=\frac{1}{2}(mgL)+mg(2L)$$
これより，$v_0=\sqrt{gL(3+2\cos\theta_0)}$。

(d) 初期ポテンシャルエネルギーが大きければ，(b)や(c)の位置に到達するための初期運動エネルギーはもう少し小さくてもよい。θ_0を大ききすればU_0が大きくなるので，(b)や(c)の答は小さくなる。

8-9. ブロックの出発点をA，ブロックがばねに接触した点をB，ばねが$|x|=0.055$mだけ縮んだ点をCとする。点Cを重力ポテンシャルエネルギーの原点とする。ばねが自然長にあるときの弾性ポテンシャルエネルギーはゼロである。ばね定数は$k=F/x=270$ N/0.02m$=1.35\times 10^4$ N/m。

(a) 点Aと点Bの距離をlとすると，滑り降りた距離$l+|x|$と初期位置の高さhの関係は，
$$\frac{h}{l+|x|}=\sin\theta$$
ただし，斜面の傾きθは$30°$。力学的エネルギーの保存則（$K_A+U_A=K_C+U_C$）より，
$$0+mgh=0+(1/2)kx^2$$
これを解いて，
$$h=\frac{kx^2}{2mg}=\frac{(1.35\times 10^4 \text{ N/m})(0.055 \text{ m})^2}{2(12 \text{ kg})(9.8 \text{ m/s}^2)}=0.174\text{m}$$
これより，
$$l+|x|=\frac{h}{\sin 30°}=\frac{0.174\text{m}}{\sin 30°}=0.35\text{m}$$

(b) $l=0.35-0.055=0.29$mだから，点Aから点Bまでの高さの差は，$\Delta h=-l\sin\theta=-0.15$mである。$\Delta K+\Delta U=0$より $(1/2)mv_B^2+m\Delta h=0$。これより，
$$v_B=\sqrt{-2g\Delta h}=\sqrt{-2(9.8)(-0.15)}=1.7\text{ m/s}$$

8-10. ビー玉が飛ぶ距離は（第4章で学んだように）初速度に依存し，初速度はエネルギー保存則を使ってばねの縮み量から求められる。hをテーブルの高さ，xをビー玉が床に落ちる点までの水平距離とする。ビー玉の初速度の鉛直成分はゼロだから，$x=v_0t$，$h=(1/2)gt^2$が成り立ち，$x=v_0\sqrt{2h/g}$となる。これより水平飛行距離は初速度に比例していることがわかる。Bobbyが最初に打ったときのビー玉の初速度をv_{01}，水平飛行距離を$x_1=1.93$m，次にRhodaが打ったときの初速度をv_{02}，水平飛行距離を$x_2=2.20$mとすると，
$$\frac{v_{02}}{v_{01}}=\frac{x_2}{x_1} \implies v_{02}=\frac{x_2}{x_1}v_{01}$$
一方，ばねがlだけ縮んだ時の弾性ポテンシャルエネルギーは$(1/2)kl^2$だから，ビー玉がばねを離れるときの運動エネルギーを$(1/2)mv^2$とすると，力学的エネルギーの保存則より，$(1/2)mv^2=(1/2)kl^2$。これよりビー玉の初速度はばねの縮み量に比例することがわかる。l_1を最初に打ったときの圧縮量，l_2を次に打ったときの圧縮量とすると，$v_{02}=(l_2/l_1)v_{01}$であるから，
$$l_2=\frac{x_2}{x_1}l_1=\left(\frac{2.20 \text{ m}}{1.93 \text{ m}}\right)(1.10 \text{ cm})=1.25 \text{ cm}$$

8-11. 棒の振れ角θと高さh（最下点から測った高さ）の関係は，$h=L(1-\cos\theta)$；Lは振り子の長さ。

(a) 最初の高さは$h_1=2L$，最下点では$h_2=0$であるから，力学的エネルギーの保存則（$K_1+U_1=K_2+U_2$）より $0+mg(2L)=(1/2)mv^2+0$。これより$v=2\sqrt{gL}$。

(b) ボールは最下点の真上の点を中心とする円周上を運動するから，最下点での向心力は上向きで向心加速度は $a=v^2/r$；ただし $r=L$。ニュートンの第2法則より，
$$T-mg=m\frac{v^2}{r} \implies T=m\left(g+\frac{4gL}{L}\right)=5mg$$

(c) 振り子が $\theta_i=90°$ を初速度ゼロで出発するとき，$T=mg$ となる θ を求めればよい。ボールが角 θ を通過するときの棒に沿った方向の運動方程式 $T-mg\cos\theta=mv^2/r$ に $T=mg$ を代入し，$r=L$ とおくと $v^2=gL(1-\cos\theta)$。エネルギー保存則 $(K_i+U_i=K+U)$ より，
$$0+mgL=\frac{1}{2}mv^2+mgL(1-\cos\theta)$$
両辺を m で割って書き換えると
$$gL=\frac{1}{2}gL(1-\cos\theta)+gL(1-\cos\theta)$$
これより，$\theta=\cos^{-1}(1/3)=70.5°$

8-12. 必要な仕事は，テーブルの上に引き上げられる鎖のポテンシャルエネルギーの変化である。たれ下がっている鎖を十分に細かい部分に分けて，そのひとつを dy とすると，その部分の質量は $(m/L)dy$。テーブルの下 $|y|$ の位置にある部分を台上に引っ張り上げたときのポテンシャルエネルギーの変化は，y が負の値なので（テーブル上から上向きを $+y$ 方向としている），$dU=(m/L)g|y|dy=-(m/L)gydy$。したがってポテンシャルエネルギーの変化分の総量は
$$\Delta U=-\frac{mg}{L}\int_{-L/4}^{0}ydy=\frac{1}{2}\frac{mg}{L}\left(\frac{L}{4}\right)^2=\frac{mgL}{32}$$
鎖をテーブルの上に引き上げるための仕事は，$W=\Delta U=mgL/32$ である。

8-13. 少年が鉛直上方から θ の角度にいるときの力の作用図を示す。N は氷からの垂直抗力，m は少年の質量である。円の内側に向く正味の力は $mg\cos\theta-N$ で，ニュートンの第2法則によって，これは mv^2/R に等しい；v は少年が滑る速さである。少年が氷を離れるところでは $N=0$ だから $g\cos\theta=v^2/R$ となる。少年が氷の最高点にいるときの重力ポテンシャルエネルギーをゼロとすると，氷を離れるときのポテンシャルエネルギーは $U=-mgR(1-\cos\theta)$。少年が初速ゼロから滑りだしたので，この点での運動エネルギーは $(1/2)mv^2$ だから，エネルギー保存則より，$0=(1/2)mv^2-mgR(1-\cos\theta)$。よって，$v^2=2gR(1-\cos\theta)$。これを上の式に代入すると，$g\cos\theta=2g(1-\cos\theta)$ となり，$\cos\theta=2/3$ が得られる。すなわち，少年が氷を離れる点の高さは，氷の小山の下から $2/3R$ である。

8-14. (a) 平衡状態 $r=r_{eq}$ における力は，
$$F=-\left.\frac{dU}{dr}\right|_{r=r_{eq}}=0 \implies -\frac{12A}{r_{eq}^{13}}+\frac{6B}{r_{eq}^{7}}=0$$
これより，$r_{eq}=\left(\dfrac{2A}{B}\right)^{\frac{1}{6}}=1.12\left(\dfrac{A}{B}\right)^{\frac{1}{6}}$

(b) この点は，r の関数であるポテンシャルエネルギー曲線の極小値を与える。すなわち，r が r_{eq} より小さくなると，曲線の傾きは負になり，$F=-dU/dr>0$ となって，力は正で反発力を表す。

(c) r が r_{eq} より大きくなると，曲線の傾きは正になり，$F=-dU/dr<0$ となって，力は負で引力を表す。

8-15. (a) ロープを通してブロックになされた仕事は，$W=Fd\cos\theta=(7.68\text{ N})(4.06\text{ m})\cos 15.0°=30.1\text{ J}$。

(b) 動摩擦力の大きさを $f(=F\cos\theta=7.42\text{ N})$ とすると $\Delta E_{th}=fd=(7.42\text{ N})(4.06\text{ m})=30.1\text{ J}$。

(c) ニュートンの第2法則を使って動摩擦力 f と垂直抗力 N を求めてから，動摩擦係数 $\mu_k=f/N$ を求めよう。x 軸をブロックの運動方向に，y 軸を床に垂直にとる。ニュートンの第2法則の x 軸成分は，$F\cos\theta-f=0$，y 軸成分は，$N+F\sin\theta-mg=0$ である；m はブロックの質量，F はロープを引っ張る力，θ は力の向きと水平面のなす角である。最初の式より，
$$f=F\cos\theta=(7.68\text{ N})\cos 15.0°=7.42\text{ N},$$
そして第2式より，
$$N=mg-F\sin\theta=(3.57\text{ kg})(9.8\text{m/s}^2)-(7.68\text{ N})\sin 15°=33.0\text{ N}$$

となる。これより，$\mu_k = f/N = 7.42\text{ N}/33.0\text{ N} = 0.22$。

8-16. (a) 熊がじっとしていた最初の状態のポテンシャルエネルギーを $U_i = 0$ とすると，最後のポテンシャルエネルギーは $U_f = -mgL$ である；ただし L は木の高さ。したがって変化分は，
$$U_f - U_i = -mgL = -(25\text{ kg})(9.8\text{ m/s}^2)(12\text{ m}) = -2.9 \times 10^3\text{ J}。$$

(b) 滑り降りた時の熊の運動エネルギーは，
$$K = \frac{1}{2}mv^2 = \frac{1}{2}(25\text{ kg})(5.6\text{ m/s})^2 = 3.9 \times 10^2\text{ J}。$$

(c) 力学的エネルギーの変化と熱エネルギーの変化の和はゼロである。平均の摩擦力を f とすれば，熱エネルギーの変化は，$\Delta E_{\text{th}} = fL$ なので，
$$f = -(\Delta K + \Delta U)/L = -(3.92 \times 10^2\text{ J} - 2.94 \times 10^3\text{ J})/12\text{ m} = 210\text{ N}。$$

8-17. 選手-地球系に外力は働いていないので，$W = \Delta E_{\text{mec}} + \Delta E_{\text{th}}$ において，外力による仕事 W はゼロ。したがって，失われたエネルギーは $\Delta E_{\text{th}} = -\Delta E_{\text{mec}}$ である。
$$\Delta E_{\text{th}} = \frac{1}{2}m(v_i^2 - v_f^2) + mg(y_i - y_f)$$
$$= \frac{1}{2}(60\text{ kg})((24\text{ m/s})^2 - (22\text{ m/s})^2) + (60\text{ kg})(9.8\text{ m/s}^2)(14\text{ m}) = 1.1 \times 10^4\text{ J}$$

25° という角度がどこにも現れないのは，エネルギーがスカラー量であることに起因している。

8-18. (a) ブロックに作用する鉛直方向の力は，上向きの垂直抗力 $\vec{N}$ と下向きの重力である。鉛直方向のブロックの加速度はゼロなので，ブロックの質量を m とすると $N = mg$，摩擦力は動摩擦係数を μ_k とすると $f = \mu_k N$。熱エネルギーの増加量は，d をブロックが静止するまでの移動距離とすると，$\Delta E_{\text{th}} = fd = \mu_k mgd$。すなわち，$\Delta E_{\text{th}} = (0.25)(3.5\text{ kg})(9.8\text{ m/s}^2)(7.8\text{ m}) = 67\text{ J}$。

(b) ブロックの運動エネルギーの最大値 $K_{\max}$ は，ばねを離れて摩擦の働く領域に突入する時に得られる。したがって，最大の運動エネルギーは，ブロックが静止するまでに発生する熱エネルギー 67 J に等しい。

(c) ブロックの運動エネルギーの源は，押し縮められたばねのポテンシャルエネルギーである。よって，k をばね定数，x を圧縮量とすると，$K_{\max} = U_i = (1/2)kx^2$ だから，
$$x = \sqrt{\frac{2K_{\max}}{k}} = \sqrt{\frac{2(67\text{ J})}{640\text{ N/m}}} = 0.46\text{ m}$$

8-19. (a) ばねを引き伸ばすためには，ばねが引っ張る力と同じ大きさで反対向きの力を加えなくてはならない。x の正の向きに引き伸ばされたばねは，x の負の向きに力を及ぼすので，加える力は x の正の向きに $F = 52.8x + 38.4x^2$ である。したがって，なされた仕事は，
$$W = \int_{0.50}^{1.00}(52.8x + 38.4x^2)\,dx = \left[\frac{52.8}{2}x^2 + \frac{38.4}{3}x^3\right]_{0.50}^{1.00} = 31.0\text{ J}$$

(b) ばねが $x = 1.00$ m から $x = 0.50$ m まで縮む間に，ばねは物体に対して 31.0 J の仕事をする。この仕事は物体の運動エネルギーの増加になるので，
$$v = \sqrt{\frac{2K}{m}} = \sqrt{\frac{2(31.0\text{ J})}{2.17\text{ kg}}} = 5.35\text{ m/s}$$

(c) 力は保存力である。なぜならば，物体が任意の初期位置 x_1 からどんな位置 x_2 に移動するとしても，必要な仕事は x_1 と x_2 だけに依存して，どんな運動をするかには依存しないからである。

8-20. (a) ばねが縮んだ長さは $x = 0.075$ m，ばね定数は $k = 320$ N/m だから，ばねに蓄えられた弾性ポテンシャルエネルギーは $W_s = (1/2)kx^2 = 0.90$ J。よって，ばねがした仕事は -0.90 J。

(b) 床からブロックに作用する垂直抗力は $N = mg$ であるから，摩擦力は $f_k = \mu_k mg$。したがって，$\Delta E_{\text{th}} = f_k d = \mu_k mgx = (0.25)(2.5\text{ kg})(9.8\text{ m/s}^2)(0.075\text{ m}) = 0.46$ J。

(c) $W = \Delta E_{\text{mec}} + \Delta E_{\text{th}}$ において，$W = 0$ および $K_f = 0$ である。$\Delta E_{\text{mec}} = (K_f - K_i) + \Delta U$ だから，ブロックの初期運動エネルギーは，$K_i = \Delta U + \Delta E_{\text{th}} = 0.90 + 0.46 = 1.36$ J。したがって，ばねに衝突する時のブロックの速さは，$v_i = \sqrt{2K_i/m} = 1.0$ m/s。

8-21. 問題文の最後から，静止摩擦を考える必要はない。摩擦力の大きさ $f = 4400$ N は動摩擦であり，大きさが一定でエレベーターが落下する時は上向きに働いている。したがって，発生する熱エネルギーは

$\Delta E_{th} = fd$ である。

(a) $W=0$ であるから，重力ポテンシャルエネルギーの原点を自然長のばねの上端とすると，$W=\Delta E_{mec}+\Delta E_{th}$ より，$U_i=\Delta K+\Delta E_{th}$。これより
$$v=\sqrt{2d\left(g-\frac{f}{m}\right)}$$
$m=1800$ kg, $d=3.7$ m, $f=4400$ N を代入すると，$v=7.4$ m/s。

(b) エレベーターがばねに衝突する直前の運動エネルギー K と，ばねが最も縮んだ時のポテンシャルエネルギーの関係を考える。(a)と同じ位置を重力ポテンシャルエネルギーの原点にとると，ばねが縮んだときのエレベーターのポテンシャルエネルギーを $mg(-x)$ で表すと，
$$K=mg(-x)+\frac{1}{2}kx^2+fx$$
ここで，
$$K=\frac{1}{2}mv^2=\frac{1}{2}(1800 \text{ kg})(7.4 \text{ m/s})^2=4.9\times 10^4 \text{ J}$$
$\xi=mg-f=1.3\times 10^4$ N とおいて，2次方程式を解くと，
$$x=\frac{\xi\pm\sqrt{\xi^2+2kK}}{k}=0.90 \text{ m}；\quad \text{(値は＋符号について求めた)}$$

(c) 最も縮んだときの弾性ポテンシャルエネルギーと跳ね上がった位置(ばねの自然長の位置から x' とする)のエレベーターのポテンシャルエネルギーの関係を考える。$d'=x+x'>x$ を仮定する。最も縮んだ位置を重力のポテンシャルエネルギーの基準にとると，
$$\frac{1}{2}kx^2=mgd'+fd' \implies d'=\frac{kx^2}{2(mg+d)}=2.8 \text{ m}。$$

(d) 摩擦力は非保存力であり，摩擦力に関係するエネルギーがエレベーターの移動距離を決める。(ポテンシャルエネルギーの項はその位置のみに依存し，経路には依存しない。)エレベーターが最終的に静止するときのばねの縮みを d_{eq} とすると $mg=kd_{eq}$。これより $d_{eq}=mg/k=0.12$ m。最終的に静止する位置を重力ポテンシャルエネルギーの原点に選ぶと，最初の重力ポテンシャルエネルギーは $U=mgy=mg(d_{eq}+d)$。最終位置での重力ポテンシャルエネルギーはゼロ，ばねの弾性エネルギーは $(1/2)kd_{eq}^2$ だから，$W=\Delta E_{mec}+\Delta E_{th}$ より，
$$mg(d_{eq}+d)=(1/2)kd_{eq}^2+fd_{total}$$
数値を代入すると，
$$(1800)(9.8)(0.12+3.7)=(1/2)(1.5\times 10^5)(0.12)^2+(4400)d_{total}$$
これより $d_{total}=15$ m が得られる。

8-22. (a) 質量 m の箱の速さは，工場の地面に対して 0 から 1.20 m/s まで増加するので，箱に供給される運動エネルギーは，$K=(1/2)mv^2=(1/2)(300 \text{ kg})(1.20 \text{ m/s})^2=216$ J。

(b) 運動摩擦力の大きさは，$f=\mu N=\mu mg=(0.400)(300 \text{ kg})(9.8 \text{ m/s}^2)=1.18\times 10^3$ N。

(c), (d) モーターから供給されるエネルギーは系になされる仕事であり，(a)で計算された箱の得た運動エネルギーより大きくなくてはならない。これはモーターから供給されるエネルギーの一部が箱のスリップによって消費される熱エネルギーになるからである。箱がベルトコンベアーの上で止まるまでに滑る距離を d とすると，$v^2=2ad=2(f/m)d$ より，$\Delta E_{th}=fd=(1/2)mv^2=K$。したがって，モーターによって供給される全エネルギーは，$W=K+\Delta E_{th}=2K=(2)(216 \text{ J})=432$ J。

第9章

9-1. (a) 地球の中心を座標の原点とすると，地球-月系の質量中心までの距離は
$$r_{\text{com}} = \frac{m_M r_M}{m_M + m_E};$$
m_M は月の質量，m_E は地球の質量，r_M はその間の距離である。これらの値は付録Bに与えられている。数値計算すると，
$$r_{\text{com}} = \frac{(7.36 \times 10^{22} \text{ kg})(3.82 \times 10^8 \text{ m})}{7.36 \times 10^{22} \text{ kg} + 5.98 \times 10^{24} \text{ kg}} = 4.64 \times 10^6 \text{ m}$$
(b) 地球の半径は $R_E = 6.37 \times 10^6$ m だから $r_{\text{com}} = 0.73 R_E$。

9-2. 座標を次のようにとる：$m_1 = 3.0$ kg の粒子位置が $x_1 = 0$, $y_1 = 0$；$m_2 = 8.0$ kg の粒子位置が $x_2 = 1.0$ m, $y_2 = 2.0$ m；$m_3 = 4.0$ kg の粒子位置が $x_3 = 0$, $y_3 = 0$。

(a) 質量中心の x 座標は，
$$x_{\text{com}} = \frac{m_1 x_1 + m_2 x_2 + m_3 x_3}{m_1 + m_2 + m_3} = \frac{0 + (8.0 \text{ kg})(1.0 \text{ m}) + (4.0 \text{ kg})(2.0 \text{ m})}{3.0 \text{ kg} + 8.0 \text{ kg} + 4.0 \text{ kg}} = 1.1 \text{ m}$$
(b) 質量中心の y 座標は，
$$y_{\text{com}} = \frac{m_1 y_1 + m_2 y_2 + m_3 y_3}{m_1 + m_2 + m_3} = \frac{0 + (8.0 \text{ kg})(2.0 \text{ m}) + (4.0 \text{ kg})(1.0 \text{ m})}{3.0 \text{ kg} + 8.0 \text{ kg} + 4.0 \text{ kg}} = 1.3 \text{ m}$$
(c) 一番上の粒子の質量が増加すると，質量中心はその粒子に近づいていく。その粒子の質量が他の粒子と比べて無限に大きくなるにつれて，質量中心も無限に近づく。

9-3. このU字形の配列をテーブルとみなし，座標の原点を天板の真中におく。テーブルの足の部分の質量中心は，台から $L/2$ だけ低いところにある。右向きを $+x$，上向きを $+y$ とすると，右側の足の質量中心の座標は，$(x, y) = (L/2, -L/2)$，左側の足の質量中心の座標は，$(x, y) = (-L/2, -L/2)$ である。したがって，全体の質量中心の x 座標は，
$$x_{\text{com}} = \frac{M(L/2) + M(-L/2)}{M + M + 3M} = 0$$
y 座標は，
$$y_{\text{com}} = \frac{M(-L/2) + M(-L/2)}{M + M + 3M} = -L/5$$
テーブル全体の質量中心は，テーブル天板の中央から $0.2L$ だけ下にある。

9-4. 大きな板から切り取られた正方形部分を元に戻すと，大きな板は 6 m×6 m の正方形となり，質量中心は座標原点にくる。次に，負の質量 $(-m)$ をもった板切れを切り取られた位置に置く。大きな板全体の質量を M とすると，切り取られた部分の面積は全体の 1/9 だから $M = 9m$。

(a) 切り取られた部分の質量中心の x 座標は 2.0 m だから，残りの部分の質量中心の x 座標は，
$$x_{\text{com}} = \frac{(-m)x}{M + (-m)} = \frac{-m(2.0 \text{ m})}{9m + (-m)} = -0.25 \text{ m}$$
(b) 切り取られた部分の質量中心の y 座標は $y = 0$ だから，残りの部分の質量中心の y 座標も $y = 0$。

9-5. 対称性から質量中心は分子の対称軸（3個のH原子がつくる正3角形の中心にN原子から下ろした垂線）上にあることは明らかである。NH_3 分子の質量中心とN原子の距離を x とする。N原子から3個のH原子で作る平面までの距離を d とすると，$m_N x = 3 m_H (d - x)$；ただし，
$$d = \sqrt{(10.14 \times 10^{-11} \text{ m})^2 - (9.4 \times 10^{-11} \text{ m})^2} = 3.803 \times 10^{-11} \text{ m}$$
よって，
$$x = \frac{3 m_H d}{m_N + 3 m_H} = \frac{3 m_H (3.803 \times 10^{-11} \text{ m})}{13.9 m_H + 3 m_H} = 6.8 \times 10^{-12} \text{ m}$$

9-6. (a) 人と気球の質量中心は移動しないので，人がはしごを速さ v で登り始めると，気球は地面に対して

一定の速さ u で下降する。人が地面に対して上る速さは $v_g = v - u$ となるので，系の質量中心の速さは，

$$v_{\text{com}} = \frac{mv_g - Mu}{M+m} = \frac{m(v-u) - Mu}{M+m} = 0$$

これより，$u = mv/(M+m)$．

(b) 人と気球の系内での相対的な動きがないので，気球と人の速さは質量中心の速さと同じで $v_{\text{com}} = 0$ である。したがって，気球は再び定常状態になる。

9-7. 問題を解くためには，弾頭が分裂した点の座標と，下に落ちないで飛んでいった破片の分裂直後の速度を知ればよい。座標原点を弾頭が発射された点とし，$+x$ を右向きに，$+y$ を鉛直上向きにとる。速度の y 成分は $v_y = v_{0y} - gt$ で表され，v_0 を弾頭の初速度，θ_0 を打ち上げの角度とすると，$t = v_{0y}/g = (v_0/g)\sin\theta_0$ でゼロになる。したがって軌道最高点の座標は，

$$x = v_{0x} t = v_0 t \cos\theta_0 = \frac{v_0^2}{g} \sin\theta_0 \cos\theta_0 = \frac{(20 \text{ m/s})^2}{9.8 \text{ m/s}^2} \sin 60° \cos 60° = 17.7 \text{ m}$$

$$y = v_{0y} t - \frac{1}{2} g t^2 = \frac{1}{2} \frac{v_0^2}{g} \sin^2\theta_0 = \frac{1}{2} \frac{(20 \text{ m/s})^2}{9.8 \text{ m/s}^2} \sin^2 60° = 15.3 \text{ m}$$

水平方向には力が作用しないので，水平方向の運動量は保存される。分裂後，破片のひとつは水平方向の速度がゼロなので，もうひとつの破片の水平方向の運動量は分裂前の弾頭の運動量と同じである。最高点での弾頭の水平方向の速さは $+x$ 方向に $v_0 \cos\theta_0$ である。弾頭の質量を M，分裂後の破片の速度を V_0 とすると，破片の質量は $M/2$ だから，$Mv_0 \cos\theta_0 = MV_0/2$ である。よって，

$$V_0 = 2v_0 \cos\theta_0 = 2(20 \text{ m/s}) \cos 60° = 20 \text{ m/s}$$

これは破片が着地する位置を求めるための初期条件として利用できる。時刻を設定しなおして，時刻 $t=0$ に，$x_0 = 17.7$ m，$y_0 = 15.3$ m から速さ 20 m/s で水平方向に発射された破片の運動について考える。y 座標は $y = y_0 - (1/2)gt^2$ で表され，着地した時は $y = 0$。したがって，着地するまでの時間は $t = \sqrt{2y_0/g}$ であるから，着地点の x 座標は，

$$x = x_0 + V_0 t = x_0 + V_0 \sqrt{\frac{2y_0}{g}} = 17.7 \text{ m} + (20 \text{ m/s}) \sqrt{\frac{2(15.3 \text{ m})}{9.8 \text{ m/s}^2}} = 53 \text{ m}$$

9-8. (a) 滑車の中心に座標の原点をとり，$+x$ を水平右向き，$+y$ を鉛直下向きとする。質量中心は 2 つの容器の中点にあるので，その座標は，l を滑車の中心から容器までの y 方向の長さとすると，$x=0$，$y=l$ である。滑車の直径は 50 mm なので，質量中心は容器から 25 mm の距離にある。

(b) 左側の容器から 20 g の砂糖を右側の容器に移すと，$x_1 = -25$ mm にある左側の容器の質量は $m_1 = 480$ g，$x_2 = 25$ mm にある右側の容器の質量は $m_2 = 520$ g になる。質量中心の x 座標は，

$$x_{\text{com}} = \frac{m_1 x_1 + m_2 x_2}{m_1 + m_2} = \frac{(480 \text{ g})(-25 \text{ mm}) + (520 \text{ g})(25 \text{ mm})}{480 \text{ g} + 520 \text{ g}} = 1.0 \text{ mm}$$

y 座標は $y = l$ である。質量中心は軽い容器から 26 mm の距離にある。

(c) 支えを放すと，重い容器は下方に，軽い容器は上方に運動し始める。質量中心は重い容器に近いので，下方に移動し始める。

(d) 容器は滑車を通してひもで結ばれているので，それぞれの容器の加速度の大きさは等しく，向きは反対である。重い容器 m_2 の加速度を a，軽い容器 m_1 の加速度を $-a$ とする。質量中心の加速度は，

$$a_{\text{com}} = \frac{m_1(-a) + m_2 a}{m_1 + m_2} = a \frac{m_1 - m_2}{m_1 + m_2}$$

それぞれの容器の加速度を求めるためにニュートンの第 2 法則を適用する。軽い容器に対しては，重力 $m_1 g$ が下向きに，張力 T が上向きに働くので，運動方程式は $m_1 g - T = -m_1 a$。同じように重い容器に対しては，$m_2 g - T = m_2 a$ が得られる。第 1 式より T を求めて第 2 式に代入すると，$m_2 g - m_1 g - m_1 a = m_2 a$ より，$a = g(m_2 - m_1)/(m_1 + m_2)$ となり，

$$a_{\text{com}} = \frac{g(m_1 - m_2)^2}{(m_1 + m_2)^2} = \frac{(9.8 \text{ m/s}^2)(520 \text{ g} - 480 \text{ g})^2}{(520 \text{ g} + 480 \text{ g})^2} = 1.6 \times 10^{-2} \text{ m/s}^2$$

加速度は下向きである。

9-9. 犬-ボート系に対して水平方向の力が働いていないので質量中心は移動しない。したがって，地面に対し

第 9 章　　65

て犬とボートが移動した距離をそれぞれ Δx_b, Δx_d とすると，$M\Delta x_{\text{com}}=0=m_b\Delta x_b+m_d\Delta x_d$．これより
$$|\Delta x_b|=(m_d/m_b)|\Delta x_d|$$
犬はボートに対して $d=2.4\,\text{m}$ 移動したので，
$$|\Delta x_b|+|\Delta x_d|=d$$
犬が左側に移動すれば，ボートは右側に移動する．$|\Delta x_b|$ を代入すると，
$$(m_d/m_b)|\Delta x_d|+|\Delta x_d|=d$$
これより，
$$|\Delta x_d|=\frac{d}{1+\dfrac{m_d}{m_b}}=\frac{2.4}{1+\dfrac{4.5}{18}}=1.92\,\text{m}$$
犬は 1.9m だけ岸に近づいたので，岸から 4.2m の距離にいる．

9-10. $p=mv$ と $K=(1/2)mv^2$ を適用する．
(a) フォルクスワーゲン(VW)ビートルの運動量を p，質量を m とすると，
$$v=p/m=(2650\,\text{kg})(16\,\text{km/h})/816\,\text{kg}=52\,\text{km/h}$$
(b) VW ビートルの運動エネルギーを K とすると，
$$v=\sqrt{\frac{2K}{m}}=\sqrt{\frac{2(2650\,\text{kg})(16\,\text{km/h})^2/2}{816\,\text{kg}}}=29\,\text{km/h}$$

9-11. 気象ロケットの速度は，$\vec{v}=\dfrac{d\vec{r}}{dt}=\dfrac{d}{dt}((3500-160t)\hat{i}+2700\hat{j}+300\hat{k})=-160\hat{i}\,\text{m/s}$．
(a) 運動量は，$\vec{p}=m\vec{v}=(250)(-160\hat{i})=-4.0\times10^4\hat{i}\,\text{kg}\cdot\text{m/s}$
(b) 気象ロケットは $-\hat{i}$ 方向(すなわち西向き)に運動している．
(c) 運動量 $\vec{p}$ の値は変化しないので，気象ロケットに働く正味の力はゼロである．

9-12. ロケットエンジンの質量を M，司令船の質量を m，切り離し前のロケットの速度を v_0，エンジンと司令船が切り離された後の相対速度を v_r，司令船の地球に対する速度を v とする．運動量保存則より，$(M+m)v_0=mv+M(v-v_r)$ だから，
$$v=v_0+\frac{Mv_r}{M+m}=4300\,\text{km/h}+\frac{(4m)(82\,\text{km/h})}{4m+m}=4.4\times10^3\,\text{km/h}$$

9-13. 変化したあとの貨車の速さを v とすると，男の地面に対する速度は $v-v_{\text{rel}}$．貨車と男の重量をそれぞれ W，ω とすると，運動量保存則より，
$$\left(\frac{W}{g}+\frac{w}{g}\right)v_0=\left(\frac{W}{g}\right)v+\left(\frac{w}{g}\right)(v-v_{\text{rel}})$$
その結果，速さは $\Delta v=v-v_0=\omega v_{\text{rel}}/(W+\omega)$ だけ変化する．

9-14. エンジン-衛星系に外力は作用していないので全運動量は保存される．質量 m_r のロケットと質量 m_s の衛星は，はじめは速度 v で一緒に運動していた．留め金がはずされた後，m_r は速度 v_r で，m_s は速度 v_s で運動する．運動量保存則より，
$$(m_r+m_s)v=m_rv_r+m_sv_s$$
(a) 留め金がはずされた後，質量が小さい衛星の方が大きな速度をもつと予想される．v_{rel} を相対速度とすると $v_s=v_r+v_{\text{rel}}$．これを運動量保存則の式に代入すると，$(m_r+m_s)v=m_rv_r+m_sv_r+m_sv_{\text{rel}}$．これより，
$$v_r=\frac{(m_r+m_s)v-m_sv_{\text{rel}}}{m_r+m_s}$$
$$=\frac{(290.0\,\text{kg}+150.0\,\text{kg})(7600\,\text{m/s})-(150.0\,\text{kg})(910\,\text{m/s})}{290.0\,\text{kg}+150.0\,\text{kg}}=7290\,\text{m/s}$$
(b) 衛星の速度は $v_s=v_r+v_{\text{rel}}=7290\,\text{m/s}+910.0\,\text{m/s}=8200\,\text{m/s}$．
(c) 切り離し前の全運動エネルギーは，
$$K_i=\frac{1}{2}(m_r+m_s)v^2=\frac{1}{2}(290.0\,\text{kg}+150.0\,\text{kg})(7600\,\text{m/s})^2=1.271\times10^{10}\,\text{J}$$
(d) 切り離し後の全運動エネルギーは，

$$K_f = \frac{1}{2}m_r v_r^2 + \frac{1}{2}m_s v_s^2$$
$$= \frac{1}{2}(290.0 \text{ kg})(7290 \text{ m/s})^2 + \frac{1}{2}(150.0 \text{ kg})(8200 \text{ m/s})^2 = 1.275 \times 10^{10} \text{ J}$$

全運動エネルギーはわずかに増加している。これはばねに蓄えられていた弾性エネルギーが運動エネルギーに加わったためである。

9-15. 移動する物体の質量中心を座標の原点としてもよいし，$m=8.0$kg の物体の速度が $v_0=2.0$m/s となるような固定座標で表してもよい。ここでは，多くの学生が選ぶであろう後者の方法を用いる。運動量保存則から $mv_0 = m_1 v_1 + m_2 v_2$。SI 単位で表すと $(8.0)(2.0)=(4.0)v_1+(4.0)v_2$. これより $v_2=4.0-v_1$。爆発のエネルギーが2つの破片の運動エネルギーに与えられたので，

$$\Delta K = \frac{1}{2}m_1 v_1^2 + \frac{1}{2}m_2 v_2^2 - \frac{1}{2}mv_0^2$$

これを SI 単位で表すと

$$16 = \left(\frac{1}{2}(4.0)v_1^2 + \frac{1}{2}(4.0)v_2^2\right) - \frac{1}{2}(8.0)v_0^2$$

これより，$v_2^2 = 16 - v_1^2$。上で求めた v_2 を代入すると，$(4-v_1)^2 = 16 - v_1^2$。すなわち，$2v_1^2 - 8v_1 = 0$。したがって，$v_1 = 0$ または 4 m/s。$v_1=0$ ならば $v_2 = 4-v_1 = 4$ m/s，$v_1 = 4$ m/s ならば $v_2 = 0$ となる。

9-16. (a) ロケットの推力は $T = Rv_{\text{rel}}$ で与えられる。R は燃料を消費する割合であり，v_{rel} は噴射されるガスのロケットに対する相対速度である。$R = 480$ kg/s，$v_{\text{rel}} = 3.27 \times 10^3$ m/s だから，
$$T = Rv_{\text{rel}} = (480\text{kg/s})(3.27 \times 10^3 \text{ m/s}) = 1.57 \times 10^6 \text{ N}$$
(b) Δt を燃焼時間とすると，噴射される燃料の質量は，$M_{\text{fuel}} = R\Delta t$ で表される。よって，
$$M_{\text{fuel}} = (480\text{kg/s})(250\text{s}) = 1.20 \times 10^5 \text{ kg}$$
燃焼後のロケットの質量は，
$$M_f = M_i - M_{\text{fuel}} = 2.55 \times 10^5 \text{ kg} - 1.20 \times 10^5 \text{ kg} = 1.35 \times 10^5 \text{ kg}$$
(c) 最初の速さがゼロなので，最後の速さは，
$$v_f = v_{\text{rel}} \ln \frac{M_i}{M_f} = (3.27 \times 10^3 \text{ m/s}) \ln \frac{2.55 \times 10^5 \text{ kg}}{1.35 \times 10^5 \text{ kg}} = 2.08 \times 10^3 \text{ m/s}。$$

9-17. 質量を SI 単位に変換すると，質量増加率は $R = 540/60 = 9.00$ kg/s。題意に与えられた以外の力を無視すると，ホッパー車は $Rv_{\text{rel}} = M|a|$ で与えられる a で減速される：したがって，$a=0$ となるためには，減速分を打ち消すために，Rv_{rel} と同じだけの力を加える必要がある。すなわち，$F = Rv_{\text{rel}} = (9.00\text{kg/s})(3.20\text{m/s}) = 28.8$N。

9-18. (a) 1分間 ($\Delta t=60$s) に速い艀に石炭を積み替えることによって何が起こるか考えよう。その間に，$m=1000$ kg の石炭の速度が変化する。
$$\Delta v = 20 \text{ km/h} - 10 \text{ km/h} = 10 \text{ km/h} = 2.8 \text{ m/s}$$
右向きを正とすると，石炭の運動量の変化率は，
$$\frac{\Delta \vec{p}}{\Delta t} = \frac{m \Delta \vec{v}}{\Delta t} = \frac{(1000 \text{ kg})(2.8 \text{ m/s})}{60 \text{ s}} = 46 \text{ N}$$
したがって，同じ力が速いほうの艀によって石炭に加えられなければならない。一連の動作は定常的なので，$\Delta p/\Delta t$ と dp/dt は等しい。
(b) 題意により艀に働く摩擦力は艀の質量に依存しないので，遅いほうの艀の運動は石炭の移動によって何ら影響を受けない。

9-19. (a) 走者の加速度は $a = 2\Delta x/t^2 = (2)(7.0 \text{ m})/(1.6 \text{ s})^2 = 5.47 \text{ m/s}^2$。その結果，$t=1.6$ s での速さは，
$$v = at = (5.47 \text{ m/s}^2)(1.6 \text{ s}) = 8.8 \text{ m/s}$$
(b) 重さ ω の質量は $m=\omega/g$ だから，走者の運動エネルギーは，
$$K = \frac{1}{2}mv^2 = \frac{1}{2}\frac{\omega}{g}v^2 = \frac{(670\text{N})(8.8\text{m/s})^2}{2(9.8 \text{m/s}^2)} = 2.6 \times 10^3 \text{ J}$$
(c) 平均パワーは，$P_{\text{avg}} = \Delta K/\Delta t = 2.6 \times 10^3 \text{ J}/1.6 \text{ s} = 1.6 \times 10^3$ W。

9-20. 一定の速さで泳ぐためには，水に対して 110N の力で水をかき分けなければならない。水は加えられる力

と同じ方向に，相対的に 0.22 m/s で後方に流れている。したがって，
$$P = \vec{F} \cdot \vec{v} = Fv = (110 \text{ N})(0.22 \text{ m/s}) = 24 \text{ W}$$

9-21. (a) 足が地面から離れるまでの加速度を a，床から受ける力を F とするとニュートンの第2法則から $F - mg = ma$。一定の加速度に対する式から $v^2 = 2ad_1$；$d_1 = 0.90 - 0.40 = 0.50$ m は足が床についている間に質量中心が移動した距離。これらを組み合わせて，
$$K_{\text{launch}} = \frac{1}{2}mv^2 = (F - mg)d_1$$

K_{launch} は床から離れるときの運動エネルギー。仕事-運動エネルギーの定理またはエネルギー保存則から導かれるエネルギー的考察は，どうして床が人にエネルギーを与えることができるのかといった疑問を引き起こして矛盾した印象を与えるかもしれないが，ニュートンの運動の法則に基づく考察はそのような疑問の余地はない。足が床を離れると，運動エネルギーが重力ポテンシャルエネルギーに移動する。力学的エネルギーの保存則より，$K_{\text{launch}} = mgd_2$；$d_2 = 1.20 - 0.90 = 0.30$ m は足が床を離れたときから最高点に達したときまでの質量中心の移動距離。この2式を組み合わせて，$(F - mg)d_1 = mgd_2$ を F について解くと，
$$F = \frac{mg(d_1 + d_2)}{d_1} = \frac{(55 \text{ kg})(9.8 \text{ m/s}^2)(0.50 \text{ m} + 0.30 \text{ m})}{0.50 \text{ m}} = 860 \text{ N}。$$

(b) 床を離れる時の"発射スピード"が最大スピードである。$(1/2)mv^2 = (F - mg)d_1$ を解いて，
$$v = \sqrt{\frac{2(F - mg)d_1}{m}} = \sqrt{\frac{2(860 \text{ N} - (55 \text{ kg})(9.8 \text{ m/s}^2))(0.50 \text{ m})}{55 \text{ kg}}} = 2.4 \text{ m/s}。$$

9-22. (a) 出力パワーは $P = 1.5$ MW $= 1.5 \times 10^6$ W で，$t = 6.0$ min $= 360$ s だから，仕事-運動エネルギーの定理より，
$$W = Pt = \Delta K = \frac{1}{2}m(v_f^2 - v_i^2)$$

したがって機関車の質量は，
$$m = \frac{2Pt}{v_f^2 - v_i^2} = \frac{(2)(1.5 \times 10^6 \text{ W})(360 \text{ s})}{(25 \text{ m/s})^2 - (10 \text{ m/s})^2} = 2.1 \times 10^6 \text{ kg}$$

(b) 任意の時刻 t に対する速度 $v(t)$ は，$Pt = (1/2)m(v^2 - v_i^2)$ を用いて，
$$v(t) = \sqrt{v_i^2 + \frac{2Pt}{m}} = \sqrt{(10)^2 + \frac{(2)(1.5 \times 10^6)t}{2.1 \times 10^6}}$$
$$= \sqrt{100 + 1.43t}\ ;\quad v \text{ と } t \text{ を SI 単位で表す}$$

(c) 任意の時刻 t での $F(t)$ は，
$$F(t) = \frac{P}{v(t)} = \frac{1.5 \times 10^6}{\sqrt{100 + 1.43t}}\ ;\quad F \text{ と } t \text{ を SI 単位で表す}$$

(d) 機関車が移動した距離 d は，
$$d = \int_0^t v(t')\,dt' = \int_0^{360}(100 + 1.43t)^{1/2}\,dt$$
$$= \frac{2}{(3)(1.43)}(100 + 1.43t)^{3/2}\Big|_0^{360} = 6640 \approx 6.6 \times 10^3 \text{ m}$$

第 10 章

10-1. 力の平均値の大きさは
$$|\vec{F}_{\text{avg}}| = \frac{m|\Delta \vec{v}|}{\Delta t} = \frac{(2300 \text{ kg})(15 \text{ m/s})}{0.56 \text{ s}} = 6.2 \times 10^4 \text{ N}$$

10-2. 鉛直上向きに $+y$ をとると，$\vec{v}_i = -25$m/s，$\vec{v}_f = 10$m/s。

(a) 力積は $\vec{J} = m\vec{v}_f - m\vec{v}_i = (1.2)(10) - (1.2)(-25) = 42$kg·m/s。

(b) $F_{\text{avg}} = \dfrac{J}{\Delta t} = \dfrac{42}{0.020} = 2.1 \times 10^3 \text{ N}$

10-3. 力の大きさを $F = At$ で表す（A は定数）。$t = 4.0$s のとき $F = 50$N だから，
$$A = (50 \text{ N})/(4.0 \text{ s}) = 12.5 \text{ N/s}$$

物体に働いた力積の大きさは
$$J = \int_0^{4.0} F\,dt = \int_0^{4.0} At\,dt = \frac{1}{2}At^2\Big|_0^{4.0} = \frac{1}{2}(12.5)(4.0)^2 = 100 \text{ N·s}$$

これが物体の運動量変化に等しいので $J = mv_f$。したがって $v_f = J/m = (100\text{N·s})/10\text{kg} = 10$m/s。

10-4. 跳ね返ったボールの向きを正の向きとする。ボールの受けた力積はグラフの下の部分の面積に等しい。
$$\int \vec{F}_{\text{wall}}\,dt = m\vec{v}_f - m\vec{v}_i$$

左辺を 3 つの部分に分けて足しあげると
$$\int_0^{0.002} F\,dt + \int_{0.002}^{0.004} F\,dt + \int_{0.004}^{0.006} F\,dt = \frac{1}{2}F_{\max}(0.002\text{s}) + F_{\max}(0.002\text{s}) + \frac{1}{2}F_{\max}(0.002\text{s}) = F_{\max}(0.002\text{s})$$

右辺は
$$m(+v) - m(-v) = 2mv = 2(0.058\text{kg})(34\text{m/s})$$

これより
$$F_{\max} = 9.9 \times 10^2 \text{ N}$$

10-5. 図の上向きに $+y$，右向きに $+x$ をとる。衝突前後の速度を単位ベクトル表記で表すと，
$$\vec{v}_i = v\cos\theta\,\hat{i} - v\sin\theta\,\hat{j} = 5.2\,\hat{i} - 3.0\,\hat{j}, \quad \vec{v}_f = v\cos\theta\,\hat{i} + v\sin\theta\,\hat{j} = 5.2\,\hat{i} + 3.0\,\hat{j}$$

(a) $\vec{J} = m\vec{v}_f - m\vec{v}_i = (0.3)((5.2\,\hat{i} + 3.0\,\hat{j}) - (5.2\,\hat{i} - 3.0\,\hat{j})) = 2(0.3)(3.0)\,\hat{j} = 1.8\,\hat{j}$。すなわち，力積の大きさは 1.8N·s，向きは壁から垂直に遠ざかる向き。

(b) ボールが壁から受ける力の平均値は $\vec{J}/\Delta t = 1.8\,\hat{j}/0.010 = 180\,\hat{j}$N。ニュートンの第 3 法則より，壁がボールから受ける力は逆向きとなり，その平均値は $-180\,\hat{j}$N。

10-6. 隕石の質量を m_m，地球の質量を m_e とする。v_m を衝突直前の隕石の速度，v を衝突直後の地球および隕石の速度とする。地球-隕石系の全運動量は保存される。衝突前の地球に基準系をおくと，$m_m v_m = (m_m + m_e)v$。これより，
$$v = \frac{m_m v_m}{m_m + m_e} = \frac{(5 \times 10^{10} \text{ kg})(7200 \text{ m/s})}{5 \times 10^{10} \text{ kg} + 5.98 \times 10^{24} \text{ kg}} = 6 \times 10^{-11} \text{ m/s}$$

10-7. (a) 秤の読みは秤がビー玉に及ぼす力に等しい。この力は，既に秤に載っているビー玉に働く垂直抗力と落ちてきたビー玉を止めるのに必要な力の和である。t 秒後に秤に載っているビー玉の数は Rt，このビー玉に働く重力の大きさは $Rtmg$ だから，垂直抗力の大きさは $F_1 = Rtmg$。秤に落ちる直前のビー玉の速さは $v = \sqrt{2gh}$，運動量は $p = m\sqrt{2gh}$。このビー玉を止めるために秤からビー玉に加えられる力の大きさは，Δt の間に落ちるビー玉の数を N として，
$$F_2 = \frac{J}{\Delta t} = \frac{N\Delta p}{\Delta t} = Rp$$

これより，
$$F = F_1 + F_2 = Rtmg + Rm\sqrt{2gh} = Rm(gt + \sqrt{2gh})$$

第 10 章

(b) 与えられた数値を代入すると，$F=49.6$ N。質量目盛りに直すと，$F/g=49.6/9.8=5.06$ kg。

10-8． 問題を 2 つの部分に分けて考える。まず，弾丸とブロックの衝突を考える。このとき弾丸の通過時間は十分に短いのでブロックは動かないとする。次に，ブロックが高さ h だけ跳ね上がる。上向きに $+y$ をとると，運動量保存則より，

$$(0.01\text{kg})(1000\text{ m/s}) = (5.0\text{ kg})v + (0.01\text{ kg})(400\text{ m/s})$$

これより $v=1.2$ m/s。空気抵抗を無視すると，力学的エネルギー保存則より，

$$\frac{1}{2}(5.0\text{ kg})(1.2\text{ m/s})^2 = (5.0\text{ kg})(9.8\text{ m/s}^2)h。$$

これより $h=0.073$ m。

10-9． ばねが最も縮んだときのブロックの速さを v とする。運動量保存則より，$m_1v_{1i}+m_2v_{2i}=(m_1+m_2)v$。系 (2 つのブロック＋ばね) の運動エネルギーの変化は

$$\Delta K = \frac{1}{2}(m_1+m_2)v^2 - \frac{1}{2}m_1v_{1i}^2 - \frac{1}{2}m_2v_{2i}^2$$

$$= \frac{(m_1v_{1i}+m_2v_{2i})^2}{2(m_1+m_2)} - \frac{1}{2}m_1v_{1i}^2 - \frac{1}{2}m_2v_{2i}^2 = -35\text{J}$$

ばねの最大縮み量を x_m とすると，エネルギー保存則より，

$$\frac{1}{2}kx_m^2 = -\Delta K \implies x_m = \sqrt{\frac{-2\Delta K}{k}} = \sqrt{\frac{-2(-35)}{1120}} = 0.25\text{m}$$

10-10． 電子の質量を m_1，水素原子の質量を $m_2=1840m_1$ とすると，

$$v_{2f} = \frac{2m_1}{m_1+m_2}v_{1i} = \frac{2m_1}{m_1+1840m_1}v_{1i} = \frac{2}{1841}v_{1i}$$

衝突後の水素原子の運動エネルギーは

$$K_{2f} = \frac{1}{2}(1840m_1)\left(\frac{2v_{1i}}{1841}\right)^2 = \frac{(1840)(4)}{1841^2}\left(\frac{1}{2}m_1v_{1i}^2\right) \approx 2.2\times 10^{-3}\left(\frac{1}{2}m_1v_{1i}^2\right)$$

すなわち，電子の初期運動エネルギーの 0.22％ が衝突後の水素の運動エネルギーになった。

10-11． この衝突の間に力学的エネルギーは失われていないので，弾性衝突の式を使うことができる。衝突前の探査機の向きを正の向きとし，$M\gg m$ の近似を用いて，

$$v_f = \frac{m-M}{m+M}v_i + \frac{2M}{m+M}V_i \approx -v_i + 2V_i = -12 + 2(-13) = -38\text{km/s}$$

10-12． (a) 2 つの球の質量を m_1 と m_2，衝突前の速さを $v_{1i}=v$ と $v_{2i}=-v$，衝突後の速さを $v_{1f}=0$ と v_{2f} とする。

$$v_{1f} = \frac{m_1-m_2}{m_1+m_2}v_{1i} + \frac{2m_2}{m_1+m_2}v_{2i} = \frac{m_1-m_2}{m_1+m_2}v - \frac{2m_2}{m_1+m_2}v = 0$$

これより $m_2 = m_1/3 = (300\text{ g})/3 = 100\text{ g}$

(b) 衝突前の速度を用いると，

$$v_\text{com} = \frac{m_1v_{1i}+m_2v_{2i}}{m_1+m_2} = \frac{(300\text{ g})(2.0\text{ m/s})+(100\text{ g})(-2.0\text{ m/s})}{300\text{ g}+100\text{ g}} = 1.0\text{ m/s}$$

10-13． ブロック 1 と 2 の衝突後の速度は，

$$v_{1f} = \frac{2m_2}{m_1+m_2}v_{2i}, \qquad v_{2f} = \frac{m_2-m_1}{m_1+m_2}v_{2i}$$

質量無限大の壁で跳ね返されたあとのブロック 2 の速度は $-v_{2f}$ だから

$$v_{1f} = -v_{2f} \implies \frac{2m_2}{m_1+m_2}v_{2i} = -\frac{m_2-m_1}{m_1+m_2}v_{2i}$$

これより $m_2 = m_1/3$。

10-14． 入射アルファ粒子の向きを $+x$ とし，アルファ粒子の散乱角を $\theta=+64°$，酸素原子核の散乱角を $\phi=-51°$ とする。x 方向，y 方向それぞれの運動量保存則より，

$$m_a v_a = m_a v_a' \cos\theta + m_o v_o' \cos\phi, \qquad 0 = m_a v_a' \sin\theta + m_o v_o' \sin\phi$$

$v_o' = 1.20\times 10^5$ m/s は既知である。2 つの未知数 (v_a と v_a') に対して 2 つの方程式があるので解くことができる。

(a) $v_a' = -\dfrac{m_o v_o' \sin\phi}{m_a \sin\theta} = -\dfrac{(16)(1.2\times 10^5)\sin(-51°)}{(4)\sin 64°} = 4.15\times 10^5$ m/s

(b) $v_a = \dfrac{m_a v_a' \cos\theta + m_o v_o' \cos\phi}{m_a}$

$= \dfrac{(4)(4.15\times 10^5)\cos 64° + (16)(1.2\times 10^5)\cos(-51°)}{4} = 4.84\times 10^5$ m/s

10-15. 図のように2つの物体が衝突し,衝突後の物体は $+x$ の向きに速さ V で進む。ただし, $\theta>0$, $\phi>0$。 y 方向の運動量保存則より, $mv\sin\theta - mv\sin\phi = 0$。したがって $\theta=\phi$。 x 方向の運動量保存則より, $2mv\cos\theta = 2mV$。 $V=v/2$ だから $\cos\theta=1/2$, すなわち $\theta=60°$。したがって衝突の角度は $120°$。

10-16. 中性子の質量を $m_n=1.0$ u, 重陽子の質量 $m_d=2.0$ u とする。中性子は速さ v_0 で $+x$ の向きに入射し,速さ v_n で $+y$ の向きに散乱された。重陽子は $v_{dx}>0$, $v_{dy}<0$ の速度成分をもって第4象限に散乱される。 x 方向の運動量保存則より,

$$m_n v_0 = m_d v_{dx} \implies v_{dx} = \dfrac{m_n v_0}{m_d} = \dfrac{v_0}{2}$$

y 方向の運動量保存則より,

$$0 = m_n v_n + m_d v_{dy} \implies v_{dy} = -\dfrac{v_n}{2}$$

衝突が弾性衝突であるから,運動エネルギーも保存される;

$$\dfrac{1}{2}m_n v_0^2 = \dfrac{1}{2}m_n v_n^2 + \dfrac{1}{2}m_d v_d^2$$

式を変形して

$$v_0^2 = v_n^2 + \dfrac{m_d}{m_n}(v_{dx}^2 + v_{dy}^2) = v_n^2 + 2\left(\dfrac{v_0^2}{4} + \dfrac{v_n^2}{4}\right)$$

これより $v_n = v_0\sqrt{1/3}$。中性子が失った運動エネルギーが重陽子に与えられるので,

$$\dfrac{K_d}{K_0} = \dfrac{K_0 - K_n}{K_0} = 1 - \dfrac{K_n}{K_0} = 1 - \dfrac{v_n^2}{v_0^2} = 1 - \dfrac{1}{3} = \dfrac{2}{3}$$

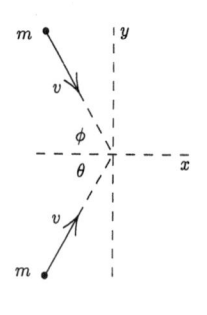

第11章

11-1. (a) スムーズに動く時計の秒針は 60 s の間に 2π ラジアンだけ回るので，
$$\omega = \frac{2\pi}{60} = 0.105 \text{ rad/s}。$$
(b) スムーズに動く時計の分針は 3600 s の間に 2π ラジアンだけ回るので，
$$\omega = \frac{2\pi}{3600} = 1.75 \times 10^{-3} \text{ rad/s}。$$
(c) スムーズに動く 12 時間時計の時針は 43200 s の間に 2π ラジアンだけ回るので，
$$\omega = \frac{2\pi}{43200} = 1.45 \times 10^{-4} \text{ rad/s}。$$

11-2. (a) 1 周するのに要する時間は軌道の円周を太陽の速さ v で割ればよい：R を軌道半径とすると，$T = 2\pi R/v$。半径を光年から km に直す：
$$R = (2.3 \times 10^4 \text{ ly})(9.46 \times 10^{12} \text{ km/ly}) = 2.18 \times 10^{17} \text{ km}$$
ly ↔ km 変換は，光の速さがわかれば計算することができる。
$$T = \frac{2\pi(2.18 \times 10^{17} \text{ km})}{250 \text{ km/s}} = 5.5 \times 10^{15} \text{ s}$$
(b) 回転数 N は太陽が誕生してからの時間 t を 1 周に要する時間 T で割ったものである；$N = t/T$。太陽が誕生してからの時間を年から秒に変換して
$$N = \frac{(4.5 \times 10^9 \text{ y})(3.16 \times 10^7 \text{ s/y})}{5.5 \times 10^{15} \text{ s}} = 26$$

11-3. 単位をあからさまに書くと，この関数は $\theta = 2 \text{ rad} + (4 \text{ rad/s}^2) t^2 + (2 \text{ rad/s}^3) t^3$ となる。しかし，これらの単位は暗黙の了解とすることもある。
(a) この関数 θ の $t=0$ における値を求めると $\theta_0 = 2$ rad。
(b) 時間の関数としての角速度は次式で与えられる：
$$\omega = \frac{d\theta}{dt} = (8 \text{ rad/s}^2) t + (6 \text{ rad/s}^3) t^2$$
この式の $t=0$ における値は $\omega_0 = 0$。
(c) $t=4$ s において上の関数は $\omega_4 = (8)(4) + (6)(4)^2 = 128$ rad/s。2 桁にまるめると $\omega_4 \approx 130$ rad/s。
(d) 時間の関数としての角加速度は次式で与えられる：
$$\alpha = \frac{d\omega}{dt} = 8 \text{ rad/s}^2 + (12 \text{ rad/s}^3) t$$
$t=2$ s を代入すると $\alpha_2 = 8 + (12)(2) = 32$ rad/s^2
(e) 上で得られた関数で与えられる角加速度は時間に依存する：したがって一定ではない。

11-4. (a) 矢がスポークに当たらないためには，
$$\Delta t = \frac{1/8 \text{ rev}}{2.5 \text{ rev/s}} = 0.0050 \text{ s}$$
以内に車輪を通過しなければならない。矢の最低の速さは，
$$v_{\min} = \frac{20 \text{ cm}}{0.050 \text{ s}} = 400 \text{ cm/s} = 4.0 \text{ m/s}$$
(b) 上の計算は半径に依存しないから，どこをねらってもよい。

11-5. (a) 最初の回転の向きを正にとると，
$$\omega = \omega_0 + \alpha t \implies \alpha = \frac{3000 - 1200}{12/60} = 9000 \text{ rev/min}^2。$$
(b) 角変位は

$$\theta = \frac{1}{2}(\omega_0+\omega)\,t = \frac{1}{2}(1200+3000)\left(\frac{12}{60}\right) = 420 \text{ rev}$$

11-6. 回転の向きは正と仮定する。初めに静止していたので，すべての量(角変位，角加速度等)は正の値になる。

(a) 角加速度は，
$$25 \text{ rad} = \frac{1}{2}\alpha(5.0 \text{ s})^2 \implies \alpha = 2.0 \text{ rad/s}^2$$

(b) 平均角速度は，
$$\omega_{\text{avg}} = \frac{\Delta\theta}{\Delta t} = \frac{25 \text{ rad}}{5.0 \text{ s}} = 5.0 \text{ rad/s}$$

(c) $t=5.0$ s における瞬間の角速度は，$\omega = (2.0 \text{ rad/s}^2)(5.0 \text{ s}) = 10$ rad/s。

(d) $t=10$ s における角変位は，$\theta = \omega_0 t + \frac{1}{2}\alpha t^2 = 0 + \frac{1}{2}(2.0)(10)^2 = 100$ rad。

したがって，$t=5.0$ s と $t=10$ s の間の変位は $\Delta\theta = 100-25 = 75$ rad。

11-7. 4.0 秒間の初めを $t=0$，回転の向きを正とすると，4.0 秒間の終わり $t=4.0$ s における角変位は $\theta = \omega_0 t + \frac{1}{2}\alpha t^2$ で与えられる。初期角速度について解くと

$$\omega_0 = \frac{\theta - \frac{1}{2}\alpha t^2}{t} = \frac{120 \text{ rad} - \frac{1}{2}(3.0 \text{ rad/s}^2)(4.0 \text{ s})^2}{4.0 \text{ s}} = 24 \text{ rad/s}$$

車輪が静止していた時刻は，$\omega = \omega_0 + \alpha t = 0$ とおいて，

$$t = -\frac{\omega_0}{\alpha} = -\frac{24 \text{ rad/s}}{3.0 \text{ rad/s}^2} = -8.0 \text{ s}$$

11-8. 円盤は $t=0$ に静止状態($\omega_0 = 0$)から回転を始め，$\alpha > 0$ で一様に加速される。回転の向きを正にとり，角速度は時刻 t_1 に $\omega_1 = +10$ rev/s，時刻 t_2 に $\omega_2 = +15$ rev/s とする。円盤は t_1 と t_2 の間に $\Delta\theta = 60$ rev だけ回転した。

(a) 角速度は，
$$\omega_2^2 = \omega_1^2 + 2\alpha\Delta\theta \implies \alpha = \frac{15^2 - 10^2}{2(60)} = 1.04 \approx 1.0 \text{ rev/s}^2$$

(b) $\Delta t = t_2 - t_1$ は，
$$\Delta\theta = \frac{1}{2}(\omega_1+\omega_2)\Delta t \implies \Delta t = \frac{2(60)}{10+15} = 4.8 \text{ s}$$

(c) 角速度を与える式を用いて，
$$\omega_1 = \omega_0 + \alpha t_1 \implies t_1 = \frac{10}{1.04} = 9.6 \text{ s}$$

(d) 教科書の表 11-1 の θ を含んだどの式でも θ_1 ($0 \leq t \leq t_1$ の間の角変位)を求めるのに使うことができる。式(11-14)を選んで
$$\omega_1^2 = \omega_0^2 + 2\alpha\theta_1 \implies \theta_1 = \frac{10^2}{2(1.04)} = 48 \text{ rev}$$

11-9. $v = 50(1000/3600) = 13.9$ m/s を用いると，
$$\omega = \frac{v}{r} = \frac{13.9}{110} = 0.13 \text{ rad/s}$$

11-10. (a) $t = 5.0$ s における角速度は
$$\omega = \left.\frac{d\theta}{dt}\right|_{t=5.0} = \left.\frac{d}{dt}(0.30t^2)\right|_{t=5.0} = \left.0.60t\right|_{t=5.0} = (0.60)(5.0) = 3.0 \text{ rad/s}$$

(b) $t=5.0$ s における速さは，$v = \omega r = (3.0 \text{ rad/s})(10 \text{ m}) = 30$ m/s

(c) 角加速度は
$$\alpha = \frac{d\omega}{dt} = \frac{d}{dt}(0.60t) = 0.60 \text{ rad/s}^2$$

したがって，$t=5.0$ s における接線方向の加速度は，$a_t = r\alpha = (10 \text{ m})(0.60 \text{ rad/s}^2) = 6.0$ m/s^2

第 11 章   73

    (d) 半径方向の加速度(向心加速度)は，$a_r = \omega^2 r = (3.0 \text{ rad/s})^2 (10 \text{ m}) = 90 \text{ m/s}^2$

11-11. (a) 光が歯車から鏡まで進んで戻ってくるまでの間に，歯車は角 $\theta = 2\pi/500 = 1.26 \times 10^{-2}$ rad だけ回る。その間の時間は，

$$t = \frac{2l}{c} = \frac{2(500 \text{ m})}{3 \times 10^8 \text{ m/s}} = 3.33 \times 10^{-6} \text{ s}$$

    これより，歯車の角速度は

$$\omega = \frac{\theta}{t} = \frac{1.26 \times 10^{-2} \text{ rad}}{3.33 \times 10^{-6} \text{ s}} = 3.8 \times 10^3 \text{ rad/s}$$

    (b) 歯車の半径を r とすると，外周上の一点の速さは，$v = \omega r = (3.8 \times 10^3 \text{ rad/s})(0.05 \text{ m}) = 190 \text{ m/s}$

11-12. (a) 地球は 1 日で 1 回転し，1 d = (24 h)(3600 s/h) = 8.64×10^4 s。したがって，地球の角速度は，

$$\omega = \frac{2\pi \text{ rad}}{8.64 \times 10^4 \text{ s}} = 7.27 \times 10^{-5} \text{ rad/s}$$

    (b) r を回転半径として $v = \omega r$ を用いる。地球上の緯度 40° の地点は半径 $r = R\cos 40°$ の円軌道を動く。R は地球の半径 (6.37×10^6 m) である。したがって，この地点の速さは，

$$v = \omega (R \cos 40°) = (7.27 \times 10^5 \text{ rad/s})(6.37 \times 10^6 \text{ m}) \cos 40° = 355 \text{ m/s}$$

    (c) 赤道上において(そして地球上のすべての地点で) ω の値は等しい (7.27×10^{-5} rad/s)。

    (d) 緯度は 0° であるから，速さは

$$v = \omega R = (7.27 \times 10^{-5} \text{ rad/s})(6.37 \times 10^6 \text{ m}) = 463 \text{ m/s}$$

11-13. (a) 角速度は $\omega = 2\pi/T$ で与えられるから，角加速度は，

$$\alpha = \frac{d\omega}{dt} = -\frac{2\pi}{T^2} \frac{dT}{dt}$$

    このパルサーについては

$$\frac{dT}{dt} = \frac{1.26 \times 10^{-5} \text{ s/y}}{3.16 \times 10^7 \text{ s/y}} = 4.00 \times 10^{-13}$$

    したがって，

$$\alpha = -\left(\frac{2\pi}{(0.033 \text{ s})^2}\right)(4.00 \times 10^{-13}) = -2.3 \times 10^{-9} \text{ rad/s}^2$$

    負符号は角加速度が角速度と反対向きであることを表す：パルサーはだんだん遅くなる。

    (b) 回転が止まるとき $\omega = 0$ であるから，$\omega = \omega_0 + \alpha t$ に $\omega = 0$ を代入して t について解くと

$$t = -\frac{\omega_0}{\alpha} = -\frac{2\pi}{\alpha T} = -\frac{2\pi}{(-2.3 \times 10^{-9} \text{ rad/s}^2)(0.033 \text{ s})} = 8.3 \times 10^{10} \text{ s}$$

    これは約 2600 年である。

    (c) このパルサーは 1992 − 1054 = 938 年前に生まれた。これを秒に換算すると (938 y)(3.16×10^7 s/y) = 2.96×10^{10} s。パルサーが生まれたときの角速度は

$$\omega = \omega_0 + \alpha t = \frac{2\pi}{T} + \alpha t$$

$$= \frac{2\pi}{0.033 \text{ s}} + (-2.3 \times 10^{-9} \text{ rad/s}^2)(-2.96 \times 10^{10} \text{ s}) = 258 \text{ rad/s}$$

    周期は，

$$T = \frac{2\pi}{\omega} = \frac{2\pi}{258 \text{ rad/s}} = 2.4 \times 10^{-2} \text{ s}$$

11-14. 分子の並進運動エネルギーは，

$$K_t = \frac{1}{2} mv^2 = \frac{1}{2}(5.30 \times 10^{-26})(500)^2 = 6.63 \times 10^{-21} \text{ J}$$

$I = 1.94 \times 10^{-46}$ kg·m^2 を用いると，

$$K_r = \frac{2}{3} K_t \implies \frac{1}{2} I \omega^2 = \frac{2}{3}(6.63 \times 10^{-21})$$

    これより $\omega = 6.75 \times 10^{12}$ rad/s

11-15. (a) 教科書の表 11-2c より，円筒形物体の軸のまわりの慣性モーメントは，

$$I = \frac{1}{2}mR^2 = \frac{1}{2}(1210 \text{ kg})\left(\frac{1.21 \text{ m}}{2}\right) = 221 \text{ kg}\cdot\text{m}^2$$

(b) 回転運動エネルギーは,
$$K = \frac{1}{2}I\omega^2 = \frac{1}{2}(2.21\times 10^2 \text{ kg}\cdot\text{m}^2)((1.52 \text{ rev/s})(2\pi \text{ rad/rev}))^2 = 1.10\times 10^4 \text{ J}$$

11-16. 平行軸の定理 $I = I_{\text{com}} + Mh^2$ を用いよう。I_{com} は質量中心のまわりの慣性モーメント, M は質量, h は質量中心と回転軸との間の距離である。物差しの質量中心は物差しの中心であるから $h = 0.50 \text{ m} - 0.20 \text{ m} = 0.30 \text{ m}$. 質量中心のまわりの慣性モーメントは,
$$I_{\text{com}} = \frac{1}{12}ML^2 = \frac{1}{12}(0.56 \text{ kg})(1.0 \text{ m})^2 = 4.67\times 10^{-2} \text{ kg}\cdot\text{m}^2$$
平行軸の定理より
$$I = 4.67\times 10^{-2} \text{ kg}\cdot\text{m}^2 + (0.56 \text{ kg})(0.30 \text{ m})^2 = 9.7\times 10^{-2} \text{ kg}\cdot\text{m}^2$$

11-17. 平行軸の定理を用いる。教科書の表 11-2i より, 一様な板の中心を通り広い面に垂直な軸のまわりの慣性モーメントは
$$I_{\text{com}} = \frac{M}{12}(a^2 + b^2)$$
角を通る軸と中心の距離は $h = \sqrt{(a/2)^2 + (b/2)^2}$. したがって
$$I = I_{\text{com}} + Mh^2 = \frac{M}{12}(a^2 + b^2) + \frac{M}{4}(a^2 + b^2) = \frac{M}{3}(a^2 + b^2)$$

11-18. (a) 円筒(半径 R)と円輪(半径 r)の慣性モーメントは, それぞれ
$$I_C = \frac{1}{2}MR^2 \quad \text{と} \quad I_H = Mr^2$$
2つの物体の質量が等しいから, $R^2/2 = r^2$ または $r = R/\sqrt{2}$ であれば2つの慣性モーメントは等しい。

(b) "等価な輪"の慣性モーメントは $I = Mk^2$ で表される。M は与えられた物体の質量, k は"等価な輪"の半径である。これよりすぐに $k = \sqrt{I/M}$ が得られる。

11-19. 小球には2つの力, 棒からの力と重力がはたらいている。棒からの力は固定点と小球を結ぶ線上にあるから, 固定点のまわりのトルクには関係しない。図からわかるように, 重力の棒に垂直な成分は $mg\sin\theta$ である。棒の長さを l とすると, この力に関するトルクの大きさは $\tau = mgl\sin\theta = (0.75)(9.8)(1.25)\sin 30° = 4.6 \text{ N}\cdot\text{m}$. 図の位置ではトルクは反時計回りである。

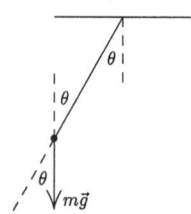

11-20. (a) 静止状態から反時計回りの回転を引き起こすトルクを正, 時計回りの回転を引き起こすトルクを負にとると, 力 $\vec{F}_1$ は大きさ $r_1 F_1 \sin\theta_1$ の正のトルクを, 力 $\vec{F}_2$ は大きさ $r_2 F_2 \sin\theta_2$ の正のトルクを及ぼす。したがって全トルクは
$$\tau = r_1 F_1 \sin\theta_1 - r_2 F_2 \sin\theta_2$$

(b) 与えられた値を代入すると
$$(1.30 \text{ m})(4.20 \text{ N})\sin 75° - (2.15 \text{ m})(4.90 \text{ N})\sin 60° = -3.85 \text{ N}\cdot\text{m}$$

11-21. (a) $\omega = \omega_0 + \alpha t$ を用いる。ω_0 は初期角速度, ω は最終角速度, α は角加速度, t は時間である。これより,
$$\alpha = \frac{\omega - \omega_0}{t} = \frac{6.20 \text{ rad/s}}{220\times 10^{-3} \text{ s}} = 28.2 \text{ rad/s}^2$$

(b) I を飛び込み選手の慣性モーメントとすると, 選手に働くトルクの大きさは
$$\tau = I\alpha = (12.0 \text{ kg}\cdot\text{m}^2)(28.2 \text{ rad/s}^2) = 3.38\times 10^2 \text{ N}\cdot\text{m}$$

11-22. (a) $\tau = I\alpha$ を用いる。τ は球殻にはたらく全トルク, I は球殻の慣性モーメント, α は角加速度である。これより,
$$I = \frac{\tau}{\alpha} = \frac{960 \text{ N}\cdot\text{m}}{6.20 \text{ rad/s}^2} = 155 \text{ kg}\cdot\text{m}^2$$

(b) 球殻の慣性モーメントは $I = (2/3)MR^2$ で与えられる。これより,

第11章

$$M = \frac{3I}{2R^2} = \frac{3(155 \text{ kg} \cdot \text{m}^2)}{2(1.90 \text{ m})^2} = 64.4 \text{ kg}$$

11-23. (a) 等加速度運動を考える。下向きを正にとり，a を重い方のブロックの加速度とすると，座標は $y = \frac{1}{2}at^2$ で与えられる。したがって

$$a = \frac{2y}{t^2} = \frac{2(0.750 \text{ m})}{(5.00 \text{ s})^2} = 6.00 \times 10^{-2} \text{ m/s}^2$$

軽い方のブロックは上向きに 6.00×10^{-2} m/s^2 の加速度をもつ。

(b) 重い方のブロックに対するニュートンの運動方程式は $m_h g - T_h = m_h a$。m_h はブロックの質量，T_h はブロックにはたらく張力である。したがって

$$T_h = m_h(g - a) = (0.500 \text{ kg})(9.8 \text{ m/s}^2 - 6.00 \times 10^{-2} \text{ m/s}^2) = 4.87 \text{ N}$$

(c) 軽い方のブロックに対するニュートンの運動方程式は $m_l g - T_l = -m_l a$。T_l はブロックにはたらく張力である。したがって

$$T_l = m_l(g + a) = (0.460 \text{ kg})(9.8 \text{ m/s}^2 + 6.00 \times 10^{-2} \text{ m/s}^2) = 4.54 \text{ N}$$

(d) ひもと滑車はたがいに滑らないから，滑車の周上の点の接線加速度はブロックの加速度と等しい。したがって

$$\alpha = \frac{a}{R} = \frac{6.00 \times 10^{-2} \text{ m/s}^2}{5.00 \times 10^{-2} \text{ m}} = 1.20 \text{ rad/s}^2$$

(e) 滑車にはたらく全トルクは $\tau = (T_h - T_l)R$ である。これを $I\alpha$ に等しいとおいて慣性モーメントについて解くと

$$I = \frac{(T_h - T_l)R}{\alpha} = \frac{(4.87 \text{ N} - 4.54 \text{ N})(5.00 \times 10^{-2} \text{ m})}{1.20 \text{ rad/s}^2} = 1.38 \times 10^{-2} \text{ kg} \cdot \text{m}^2$$

11-24. 反時計回りを正にとると，ブロック共通の角加速度 α は $\tau = mgL_1 - mgL_2 = I\alpha = (mL_1^2 + mL_2^2)\alpha$ を満たす。したがって，SI 単位を用いて，

$$\alpha = \frac{g(L_1 - L_2)}{L_1^2 + L_2^2} = \frac{(9.8)(0.20 - 0.80)}{0.80^2 + 0.20^2} = -8.65 \text{ rad/s}^2$$

負符号は系が時計回りに回り出すことを示している。$t=0$ での速度はゼロ(向心加速度もゼロ)であるから，加速度ベクトルの棒に沿った方向の成分はない。したがって，2つのブロックの加速度の大きさは，それぞれ

$$|\vec{a}_1| = |\alpha|L_1 = (8.65 \text{ rad/s}^2)(0.80 \text{ m}) = 6.9 \text{ m/s}^2$$
$$|\vec{a}_2| = |\alpha|L_2 = (8.65 \text{ rad/s}^2)(0.20 \text{ m}) = 1.7 \text{ m/s}^2$$

11-25. 初期角速度は $\omega = (280)(2\pi/60) = 29.3$ rad/s

(a) 慣性モーメントは $I = (32)(1.2)^2 = 46.1$ kg·m^2 であるから，なされた仕事は

$$W = \Delta K = 0 - \frac{1}{2}I\omega^2 = -\frac{1}{2}(46.1)(29.3)^2$$

これより $|W| = 19.8 \times 10^3$ J。

(b) 平均仕事率は(絶対値で)，

$$|P| = \frac{|W|}{\Delta t} = \frac{19.8 \times 10^3}{15} = 1.32 \times 10^3 \text{ W}$$

11-26. 球殻の慣性モーメントは $2MR^2/3$ であるから，(物体が h だけ落下したときの)運動エネルギーは

$$K = \frac{1}{2}\left(\frac{2}{3}MR^2\right)\omega_{\text{sphere}}^2 + \frac{1}{2}I\omega_{\text{pulley}}^2 + \frac{1}{2}mv^2$$

系は静止状態から出発するから，このエネルギーは(摩擦がないので)系が出発したときのポテンシャルエネルギー mgh に等しい。滑車の角速度に v/r，球殻の角速度に v/R を代入し，v について解くと，

$$v = \sqrt{\frac{mgh}{\frac{m}{2} + \frac{I}{2r^2} + \frac{M}{3}}} = \sqrt{\frac{2gh}{1 + (I/mr^2) + (2M/3m)}}$$

11-27. (a) 力学的エネルギー保存則を用いて，ω^2 を煙突が鉛直となす角 θ の関数として表す。煙突の重力ポテンシャルエネルギーは $U = Mgh$ で与えられる。M は煙突の質量，h は質量中心の地面からの高

さである．煙突が鉛直と角 θ をなすとき，$h = (H/2)\cos\theta$．最初の重力ポテンシャルエネルギーは $U_i = Mg(H/2)$，運動エネルギーはゼロである．煙突が鉛直と角 θ をなすとき，運動エネルギーは $\frac{1}{2}I\omega^2$ である．I は煙突の底縁のまわりの慣性モーメントである．エネルギー保存則より，

$$MgH/2 = Mg(H/2)\cos\theta + \frac{1}{2}I\omega^2 \implies \omega^2 = (MgH/I)(1-\cos\theta)$$

煙突の底縁のまわりの慣性モーメントは $I = MH^2/3$ であるから（平行軸の定理を使って求められる），

$$\omega = \sqrt{\frac{3g}{H}(1-\cos\theta)}$$

(b) 煙突上端の加速度の動径成分は $a_r = H\omega^2$．(a)の結果を用いると，

$$a_r = 3g(1-\cos\theta)$$

(c) 煙突上端の加速度の接線成分は $a_t = H\alpha$．α は角加速度である．等角加速度ではないので，教科書，表 11-1 は使えない．

$$\omega^2 = \frac{3g}{H}(1-\cos\theta)$$

の両辺を t で微分して，$d\omega/dt$ を α で，$d\theta/dt$ を ω で置き換えると，

$$\frac{d}{dt}\omega^2 = 2\omega\alpha = \frac{3g}{H}\omega\sin\theta$$

これより $\alpha = \frac{3g}{2H}\sin\theta$，すなわち $a_t = H\alpha = \frac{3g}{2}\sin\theta$．

(d) $a_t = g$ となる角 θ は，$g = \frac{3g}{2}\sin\theta$ の解である．したがって $\sin\theta = 2/3$，または $\theta = 41.8°$．

# 第12章

12-1. 自動車の運動の向きを $+x$ とする。自動車の速度は一定で $\vec{v}=+(80)(1000/3600)=+22$ m/s, タイヤの半径は $r=0.66/2=0.33$m である。

(a) 自動車に固定された座標系(ドライバーは自分が静止していると思っている)では，道路は後に $\vec{v}_{\text{road}}=-v=-22$ m/s で動いており，タイヤの運動は回転のみである。この座標系では，タイヤの中心は止まっているので $v_{\text{center}}=0$ 。

(b) タイヤの中心は静止しているので $a_{\text{center}}=0$ である。

(c) この座標系でタイヤの運動は回転のみである(並進していない)から，$\vec{v}_{\text{top}}=+v=+22$ m/s

(d) $\omega=$ 一定 であるから，周上の点の加速度は半径方向(向心加速度)のみである。したがって，加速度の大きさは，
$$a_{\text{top}}=\frac{v^2}{r}=\frac{22^2}{0.33}=1.5\times 10^3 \text{ m/s}^2$$

(e) タイヤの最下点は(瞬間的に)道路としっかり接触している(滑らない)から，道路と同じ速度になる：$\vec{v}_{\text{bottom}}=-22$ m/s。

(f) 加速度の大きさは(d)と同じで $a_{\text{bottom}}=1.5\times 10^3$ m/s²。

(g) ここからは道路に固定された座標系で運動を調べる(今度は道路は静止しており，動く物は自動車である)。タイヤ中心は並進運動のみを行う。一方，周上の点は並進と回転を組み合わせた運動をする。タイヤ中心の速度は $\vec{v}=+v=+22$ m/s。

(h) タイヤ中心の並進運動は等速であるから，加速度をもたない。

(i) (c)において，$\vec{v}_{\text{top,car}}=+v$ と求めたから，
$$\vec{v}_{\text{top,ground}}=\vec{v}_{\text{top,car}}+\vec{v}_{\text{car,ground}}=v+v=2v=+44 \text{ m/s}$$

(j) 速度一定の座標系の間の変換であるから，加速度は変化しない。答は(d)と同じで 1.5×10^3 m/s²。

(k) (i)における考えを用いるか，最下点は(速度ゼロの)道路にしっかり接触していることを思い出せば，どのみち答はゼロである。

(l) (j)で説明したように，$a=1.5\times 10^3$ m/s²。

12-2. 輪を止めるために必要な仕事は，輪の初期運動エネルギーと同じ大きさの負の仕事である。初期運動エネルギーは
$$K=\frac{1}{2}I\omega^2+\frac{1}{2}mv^2$$

$I=mR^2$ は輪の質量中心のまわりの慣性モーメント，$m=140$ kg は質量，$v=0.150$ m/s は質量中心の速さである。角速度と質量中心の速さを関係づける式，$\omega=v/R$ を代入して，
$$K=\frac{1}{2}mR^2\left(\frac{v^2}{R^2}\right)+\frac{1}{2}mv^2=mv^2=(140)(0.150)^2$$

したがって，必要な仕事は -3.15 J である。

12-3. (タイヤの質量を含んだ)自動車の質量を M，速さを v，タイヤの慣性モーメントを I，角速度を ω とする。回転の運動エネルギーは
$$K_{\text{rot}}=4\left(\frac{1}{2}I\omega^2\right)$$

因子 4 は 4 本のタイヤを意味する。全運動エネルギーは
$$K=\frac{1}{2}Mv^2+4\left(\frac{1}{2}I\omega^2\right)$$

で与えられる。回転によるエネルギーの全エネルギーに対する割合は
$$割合=\frac{K_{\text{rot}}}{K}=\frac{4I\omega^2}{Mv^2+4I\omega^2}$$

質量 m，半径 R の一様な円板の中心軸のまわりの慣性モーメントは $I=\frac{1}{2}mR^2$。タイヤは滑らずに回るから $\omega=v/R$。これより，

$$4I\omega^2=4\left(\frac{1}{2}mR^2\right)\left(\frac{v}{R}\right)^2=2mv^2$$

割合は，

$$割合=\frac{2mv^2}{Mv^2+2mv^2}=\frac{2m}{M+2m}=\frac{2(10)}{1000+2(10)}=0.02$$

タイヤの径は式から消えているから，計算には必要ない。

12-4. 教科書 12-3 節の解法を繰り返すことはしないで，この節の結果を単に利用しよう。

(a) $I=\frac{2}{5}MR^2$ と $a=-0.10g$ を式(12-10)に代入すると

$$-0.10g=-\frac{g\sin\theta}{1+\left(\frac{2}{5}MR^2\right)/MR^2}=-\frac{g\sin\theta}{7/5}$$

これより $\theta=\sin^{-1}(0.14)=8.0°$。

(b) 加速度は $0.10g$ より大きい。これを力の観点からとエネルギーの観点から説明することができる。
力の観点：上向きの静止摩擦力がないから，下向きの加速度は下向きの重力によるものだけである。
エネルギーの観点：回転運動エネルギーはないので，最初にもっていたポテンシャルエネルギーはすべて並進運動エネルギーとなり，結果としてより大きな速さを得る。

12-5. 床をポテンシャルエネルギーの原点とすると，力学的エネルギー保存則から

$$U_{\text{release}}=K_{\text{top}}+U_{\text{top}}$$

$$mgh=\frac{1}{2}mv_{\text{com}}^2+\frac{1}{2}I\omega^2+mg(2R)$$

$I=\frac{2}{5}mr^2$（教科書の表 11-2(f)）と $\omega=v_{\text{com}}/r$ を代入して

$$mgh=\frac{1}{2}mv_{\text{com}}^2+\frac{1}{2}\left(\frac{2}{5}mr^2\right)\left(\frac{v_{\text{com}}}{r}\right)^2+2mgR$$

質量 m を消去して，

$$gh=\frac{7}{10}v_{\text{com}}^2+2gR$$

(a) ループの頂上で離れるということは垂直抗力がなくなるということである。このとき，垂直方向（下向きを $+y$ にとる）のニュートンの第 2 法則より，

$$mg=ma_r \implies g=\frac{v_{\text{com}}^2}{R-r}$$

この式に $v_{\text{com}}^2=g(R-r)$ を代入して

$$gh=\frac{7}{10}(g)(R-r)+2gR$$

これより，$h=2.7R-0.7r\approx 2.7R$。

(b) (a)と同じように力学的エネルギー保存則より，$h=6R$ と点 Q の高さが R であることに注意すると，

$$g(6R)=\frac{7}{10}v_{\text{com}}^2+gR$$

これより $v_{\text{com}}^2=50gR/7$，点 Q において水平方向の（左向きを $+x$ にとる）ニュートンの第 2 法則より，

$$N=m\frac{v_{\text{com}}^2}{R-r}=m\frac{50gR}{7(R-r)}$$

これより（$R\gg r$ として）$N\approx 50mg/7$。

12-6. 時計回りを回転の負の向きに，右向きを並進の正の向きにとる。
(a) このとき球はなめらかに回り始めるのであるから，

$$v_{\text{com}}=-R\omega=(-0.11\text{ m})\omega$$

図 12-2 に示されているように，ω が負（時計回り）であるから，v_{com} は正（右向き）になる。

(b) 質量 m の球にはたらく摩擦力は $-\mu mg$（左向きだから負）。これを ma_{com} に等しいとおいて
$$a_{\text{com}} = -\mu g = -(0.21)(9.8 \text{ m/s}) = -2.1 \text{ m/s}$$
負符号は質量中心が左向きに加速されることを示している。これは球の速度と逆向きであり，球は減速される。

(c) 摩擦力によって球にはたらく質量中心のまわりのトルクは，$\tau = -\mu mgR$。球の慣性モーメントを与える式を用いると，角加速度は
$$\alpha = \frac{\tau}{I} = \frac{-\mu mgR}{2mR^2/5} = \frac{-5\mu g}{2R} = \frac{-5(0.21)(9.8)}{2(0.11)} = -47 \text{ rad/s}^2$$
負符号は角加速度が時計回りであることを示しており，これは ω と同じ向きである（したがって回転運動はスピードアップされる）。

(d) 滑る球の質量中心は，時間 t の間に $v_{\text{com},0}$ から v_{com} に減速される：
$$v_{\text{com}} = v_{\text{com},0} - \mu g t$$
この時間の間に球の角速度（の大きさ）はゼロから $|\omega|$ に増加する：
$$|\omega| = |\alpha| t = \frac{5\mu g t}{2R} = \frac{v_{\text{com}}}{R}$$
最後の等式に (a) の結果を用いた。v_{com} を含む 2 つの方程式から，これを消去して，
$$t = \frac{2v_{\text{com},0}}{7\mu g} = \frac{2(8.5)}{7(0.21)(9.8)} = 1.2 \text{ s}$$

(e) 球が滑った距離は，
$$\Delta x = v_{\text{com},0} t - \frac{1}{2}(\mu g) t^2 = (8.5)(1.2) - \frac{1}{2}(0.21)(9.8)(1.2)^2 = 8.6 \text{ m}$$

(f) (d) で求めた時間における質量中心の速度は，
$$v_{\text{com}} = v_{\text{com},0} - \mu g t = 8.5 - (0.21)(9.8)(1.2) = 6.1 \text{ m/s}$$

12–7. (a) 12-4 節で導出したように，加速度は
$$a_{\text{com}} = -\frac{g}{1 + I_{\text{com}}/MR_0^2}$$
上向きを正とする。$I_{\text{com}} = 950 \text{ g}\cdot\text{cm}^2$，$M = 120 \text{ g}$，$R_0 = 0.32 \text{ cm}$，$g = 980 \text{ cm/s}^2$ を用いると
$$|a_{\text{com}}| = \frac{980}{1 + (950)/(120)(0.32)^2} = 12.5 \text{ cm/s}^2$$

(b) 座標の原点を初期位置にとると，$y_{\text{com}} = \frac{1}{2} a_{\text{com}} t^2$。$y_{\text{com}} = -120$ cm とおくと
$$t = \sqrt{\frac{2y_{\text{com}}}{a_{\text{com}}}} = \sqrt{\frac{2(-120 \text{ cm})}{-12.5 \text{ cm/s}^2}} = 4.38 \text{ s}$$

(c) ヨーヨーがひもの最下点に達したとき質量中心の速度は，
$v_{\text{com}} = a_{\text{com}} t = (-12.5 \text{ cm/s}^2)(4.38 \text{ s}) = -54.8 \text{ cm/s}$。速さは約 55 cm/s。

(d) 並進運動エネルギーは
$$\frac{1}{2} m v_{\text{com}}^2 = \frac{1}{2}(0.120 \text{ kg})(0.548 \text{ m/s})^2 = 1.8 \times 10^{-2} \text{ J}$$

(e) 角速度は $\omega = -v_{\text{com}}/R_0$ で与えられるから，回転運動エネルギーは
$$K_{\text{rot}} = \frac{1}{2} I_{\text{com}} \omega^2 = \frac{1}{2} I_{\text{com}} \frac{v_{\text{com}}^2}{R_0^2} = \frac{1}{2} \frac{(9.50 \times 10^5 \text{ kg}\cdot\text{m}^2)(0.548 \text{ m/s})^2}{(3.2 \times 10^{-3} \text{ m})^2} \approx 1.4 \text{ J}$$

(f) 角速度の大きさは $\omega = |v_{\text{com}}|/R_0 = (0.548 \text{ m/s})(3.2 \times 10^{-3} \text{ m}) = 1.7 \times 10^2 \text{ rad/s} = 27 \text{ rev/s}$

12–8. (a) 加速度は上向きを正として
$$a_{\text{com}} = -\frac{g}{1 + I_{\text{com}}/MR_0^2}$$

座標の原点を初期位置にとると，
$$y_{\text{com}} = v_{\text{com},0} t + \frac{1}{2} a_{\text{com}} t^2 = v_{\text{com},0} t - \frac{\frac{1}{2} g t^2}{1 + I_{\text{com}}/MR_0^2}$$

$y_{com} = -1.2$ m, $v_{com,0} = -1.3$ m/s である。$I_{com} = 0.000095$ kg·m², $M = 0.12$ kg, $R_0 = 0.0032$ m, $g = 9.8$ m/s² を代入して, 2次方程式の解の公式を用いると,

$$t = \frac{\left(1 + \frac{I_{com}}{MR_0^2}\right)\left(v_{com,0} \mp \sqrt{v_{com,0}^2 - \frac{2gy_{com}}{1 + I_{com}/MR_0^2}}\right)}{g}$$

$$= \frac{\left(1 + \frac{0.000095}{(0.12)(0.0032)^2}\right)\left(-1.3 \mp \sqrt{1.3^2 - \frac{2(9.8)(-1.2)}{1 + 0.000095/(0.12)(0.0032)^2}}\right)}{9.8}$$

$$= -21.7 \text{ または } 0.885$$

答としては $t = 0.89$ s を選ぶ。

(b) 初期ポテンシャルエネルギーは $U_i = Mgh$: 基準点を最下点にとると $h = 1.2$ m である。初期運動エネルギーは回転運動エネルギーと並進運動エネルギーの和で表される。エネルギー保存則から, 最下点での全運動エネルギーは,

$$K_f = K_i + U_i$$
$$= \frac{1}{2}mv_{com,0}^2 + \frac{1}{2}I\left(\frac{v_{com,0}}{R_0}\right)^2 + Mgh$$
$$= \frac{1}{2}(0.12)(1.3)^2 + \frac{1}{2}(9.5 \times 10^{-5})\left(\frac{1.3}{0.0032}\right)^2 + (0.12)(9.8)(1.2)$$
$$= 9.4 \text{ J}$$

(c) 最下点に達したとき質量中心の速度は,

$$v_{com} = v_{com,0} + a_{com,0}t = v_{com,0} - \frac{gt}{1 + I_{com}/MR_0^2}$$

数値を代入して,

$$v_{com} = -1.3 - \frac{(9.8)(0.885)}{1 + \frac{0.000095}{(0.12)(0.0032)^2}} = -1.41 \text{ m/s}$$

すなわち, 最下点での速さは 1.4 m/s である。

(d) 並進運動エネルギーは, $\frac{1}{2}mv_{com}^2 = \frac{1}{2}(0.12)(1.41)^2 = 0.12$ J

(e) 角速度の大きさは, $\omega = -\frac{v_{com}}{R_0} = -\frac{-1.41}{0.0032} = 441 \approx 440$ rad/s

(f) 回転運動エネルギーは, $\frac{1}{2}I_{com}\omega^2 = \frac{1}{2}(9.50 \times 10^{-5} \text{ kg·m}^2)(441 \text{ rad/s})^2 = 9.2$ J

12-9. 1つの方法は $\vec{r} \cdot (\vec{r} \times \vec{F}) = \vec{F} \cdot (\vec{r} \times \vec{F}) = 0$ を示すことである。しかしここではもっと直接的なやり方をしよう。一般性を失わずに $\vec{r}$ と $\vec{F}$ が xy 面内にあるとすることができる。そして $\vec{\tau}$ が x 成分と y 成分をもたない(すなわち $\hat{k}$ 方向に平行である)ことを示そう。以下のようにする: 一般的な表式 $\vec{r} = x\hat{i} + y\hat{j} + z\hat{k}$ において, $\vec{r}$ を xy 面内にあるとするために $z = 0$ とおく。$\vec{F}$ に対しても同様にする。ベクトル積の単位ベクトル表記から

$$\vec{r} \times \vec{F} = (yF_z - zF_y)\hat{i} + (zF_x - xF_z)\hat{j} + (xF_y - yF_x)\hat{k}$$

ここで $z = 0$ および $F_z = 0$ とすると,

$$\vec{\tau} = \vec{r} \times \vec{F} = (xF_y - yF_x)\hat{k}$$

これは $\vec{\tau}$ が xy 面に成分をもたないことを示している。

12-10. $\vec{r} = x\hat{i} + y\hat{j} + z\hat{k}$ と書くと,

$$\vec{r} \times \vec{F} = (yF_z - zF_y)\hat{i} + (zF_x - xF_z)\hat{j} + (xF_y - yF_x)\hat{k}$$

(a) 与えられた値を代入すると,

$$\vec{\tau} = ((3.0 \text{ m})(6.0 \text{ N}) - (4.0 \text{ m})(-8.0 \text{ N}))\hat{k} = 50 \text{ kN·m}$$

(b) $|\vec{r} \times \vec{F}| = rF\sin\phi$ を用いる。ϕ は $\vec{r}$ と $\vec{F}$ の間の角である。$r = \sqrt{x^2 + y^2} = 5.0$ m, $F = \sqrt{F_x^2 + F_y^2} = 10$ N であるから, $rF = (5.0 \text{ m})(10 \text{ N}) = 50$ N·m。これは(a)で計算したベクトル積の大きさと同じであ

第 12 章

るから $\sin\phi=1$ を意味する．すなわち $\phi=90°$ である．
別解：スカラー積が $\vec{r}\cdot\vec{F}=rF\cos\phi=0$ となることを示してもよい．

12-11. xyz 座標系を設定し，ベクトル積の単位ベクトル表記を用いて形式的に計算してもよいし，教科書の例題 12-4 のように多少非形式的に行うこともできる．後者を選ぶ．3.1 kg の粒子がもつ角運動量は
$$l_1 = r_{\perp 1}mv_1 = (2.8)(3.1)(3.6) = 31.2 \text{ kg}\cdot\text{m}^2/\text{s}$$
ベクトル積に対する右手ルールを用いると，$\vec{r}_1\times\vec{p}_1$ は，図 12-3 の面に垂直で紙面の裏から表を向くことがわかる．6.5 kg の粒子については
$$l_2 = r_{\perp 2}mv_2 = (1.5)(6.5)(2.2) = 21.4 \text{ kg}\cdot\text{m}^2/\text{s}$$
再び右手ルールを用いると，$\vec{r}_2\times\vec{p}_2$ は，紙面の表から裏を向くことがわかる．2 つの角運動量はたがいに逆向きであるから，これらのベクトル和の大きさは，
$$L = l_1 - l_2 = 9.8 \text{ kg}\cdot\text{m}^2/\text{s}$$
向きは $\hat{l}_1$ の向き，すなわち紙面の裏から表へ向かう向きである．

12-12. (a) $\vec{l} = m\vec{r}\times\vec{v}$ を用いよう．$\vec{r}$ は位置ベクトル，$\vec{v}$ は速度ベクトル，m は質量である．位置ベクトルと速度ベクトルは x 成分と z 成分しかもたず，速度ベクトルはゼロではないから，
$$\vec{r}\times\vec{v} = (-xv_z + zv_x)\hat{j}$$
したがって，$\vec{l} = m(-xv_z + zv_x)\hat{j}$
$$= (0.25 \text{ kg})(-(2.0 \text{ m})(5.0 \text{ m/s}) + (-2.0 \text{ m})(-5.0 \text{ m/s}))\hat{j}$$
$$= 0$$

(b) $\vec{r} = x\hat{i} + y\hat{j} + z\hat{k}$ と書くと，
$$\vec{r}\times\vec{F} = (yF_z - zF_y)\hat{i} + (zF_x - xF_z)\hat{j} + (xF_y - yF_x)\hat{k}$$
$x=2.0$, $z=-2.0$, $F_y=4.0$ (SI 単位系で)，そして他の成分はゼロであるから，上の表式から $\vec{\tau} = \vec{r}\times\vec{F} = (8.0\hat{i} + 8.0\hat{k})$ N·m が得られる．

12-13. (a) 図は粒子と粒子が動く直線を示している．原点 O はどこでもよい．粒子 1 の角運動量は $l_1 = mvr_1\sin\theta_1 = mv(d+h)$ で，紙面の表から裏を向く．粒子 2 の角運動量は $l_2 = mvr_2\sin\theta_2 = mvh$ で，紙面の裏から表を向く．全角運動量は $L = mv(d+h) - mvh = mvd$ の大きさをもち，紙面の表から裏を向く．この結果は原点の位置に関係しない．

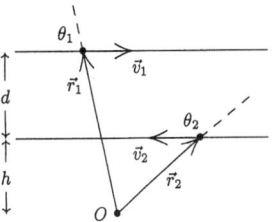

(b) 上で指摘したように，表式は変わらない．

(c) 粒子 2 が右向きに動くと $L = mv(d+h) + mvh = mv(d+2h)$．この結果は原点と運動の直線の一方との距離 h に依存している．もし原点が 2 本の直線の中間にあると，$h=-d/2$ であるから $L=0$ となる．

12-14. (一般の場合に対して) $\vec{r} = x\hat{i} + y\hat{j} + z\hat{k}$ と書くと，
$$\vec{r}\times\vec{v} = (yv_z - zv_y)\hat{i} + (zv_x - xv_z)\hat{j} + (xv_y - yv_x)\hat{k}$$

(a) 角運動量はベクトル積 $\vec{l} = m\vec{r}\times\vec{v}$ で与えられる．$\vec{r}$ は粒子の位置ベクトル，$\vec{v}$ はベクトル，$m=3.0$ kg は質量である．$x=3$, $y=8$, $z=0$, $v_x=5$, $v_y=-6$, $v_z=0$ (SI 単位で)を上の表式に代入すると
$$\vec{l} = (3.0)((3)(-6) - (8.0)(5.0))\hat{k} = -1.7\times 10^2 \hat{k} \text{ kg}\cdot\text{m}^2/\text{s}$$

(b) トルクは $\vec{\tau} = \vec{r}\times\vec{F}$ で与えられる．$\vec{r} = x\hat{i} + y\hat{j}$, $\vec{F} = F_x\hat{i}$ と書くと，$\hat{i}\times\hat{i}=0$, $\hat{j}\times\hat{i}=-\hat{k}$ を用いて
$$\vec{\tau} = (x\hat{i} + y\hat{j})\times(F_x\hat{i}) = -yF_x\hat{k}$$
これより $\vec{\tau} = -(8.0 \text{ m})(-7.0 \text{ N})\hat{k} = 56\hat{k}$ N·m

(c) ニュートンの第 2 法則 $\vec{\tau} = d\vec{l}/dt$ により，角運動量の時間変化率は，z の正の向きに 56 kg·m²/s²

12-15. 右手系を採用すると，$+\hat{k}$ は xy 面の裏から表を向き，反時計回りに相当する（右手ルールを適用する）から，ここで考えるすべての角運動量は $-\hat{k}$ の向きである．例えば，(b) では SI 単位系で，$\vec{L} = -4.0t^2\hat{k}$ である．

(a) 角運動量は一定であるのでその微分はゼロ，すなわちトルクはない．

(b) トルク角運動量を時間について微分したものだから，SI 単位系 (N·m) で，

$$\vec{\tau} = \frac{d\vec{l}}{dt} = (-4.0\hat{k})\frac{dt^2}{dt} = -8.0t\,\hat{k}$$

このベクトルは $t>0$ で $-\hat{k}$ を向く（時計回りの回転が加速される）。

(c) $\vec{l} = -4.0\sqrt{t}\,\hat{k}$ であるから，トルクは，

$$\vec{\tau} = (-4.0\hat{k})\frac{d\sqrt{t}}{dt} = (-4.0\hat{k})\left(\frac{1}{2\sqrt{t}}\right)$$

SI 単位系で $\vec{\tau} = -2.0/\sqrt{t}\,\hat{k}$ となる。このベクトルはすべての $t>0$ で（$t<0$ ついては定義されていない）$-\hat{k}$ の向きを向く（時計回りの運動が加速される）。

(d) 最後に

$$\vec{\tau} = (-4.0\hat{k})\frac{dt^{-2}}{dt} = (-4.0\hat{k})\left(\frac{-2}{t^3}\right)$$

SI 単位系で $\vec{\tau} = 8.0/t^3\,\hat{k}$ となる。このベクトルはすべての $t>0$ で $+\hat{k}$ の向きを向く（最初の時計回りの運動が減速される）。

12-16. (a) $\tau = dL/dt$ であるから，時間 Δt の間にはたらく平均トルクは $\tau_{\text{avg}} = (L_f - L_i)/\Delta t$。$L_i$ は最初の角運動量，L_f は最後の角運動量である。したがって

$$\tau_{\text{avg}} = \frac{0.800 - 3.00}{1.50} = -1.467 \approx -1.47\,\text{N·m}$$

負符号は，トルクの向きが，最初に仮定した角運動量の向きと逆であることを示している。

(b) 回転角は $\theta = \omega_0 t + \frac{1}{2}\alpha t^2$ である。角加速度 α が一定であると，トルクも一定で角加速度は $\alpha = \tau/I$ で表される。$\omega_0 = L_i/I$ であるから

$$\theta = \frac{L_i t + \frac{1}{2}\tau t^2}{I} = \frac{(3.00\,\text{kg·m}^2/\text{s})(1.50\,\text{s}) + \frac{1}{2}(-1.467\,\text{N·m})(1.50\,\text{s})^2}{0.140\,\text{kg·m}^2} = 20.4\,\text{rad}$$

(c) フライホイールになされた仕事は

$$W = \tau\theta = (-1.47\,\text{N·m})(20.4\,\text{rad}) = -29.9\,\text{J}$$

W を求めるのにこれと同じくよい方法は仕事-運動エネルギーの定理である。この定理は，お望みならば，$W = (L_f^2 - L_i^2)/2I$ と書きなおすことができる。

(d) 平均仕事率はフライホイールがした仕事（フライホイールになされた仕事の逆符号）を時間間隔で割ったものであるから

$$P_{\text{avg}} = -\frac{W}{\Delta t} = -\frac{-29.9\,\text{J}}{1.50\,\text{s}} = 19.9\,\text{W}$$

12-17. 回転に関する運動方程式を時間で積分すると（初期角速度は ω_i，最終角速度は ω_f）

$$\int \tau\,dt = \int \frac{dL}{dt}dt = L_f - L_i = I(\omega_f - \omega_i)$$

関数 f の平均値の積分表示 $f_{\text{avg}} = \frac{1}{\Delta t}\int f\,dt$ を用いると，

$$\int \tau\,dt = \tau_{\text{avg}}\Delta t = F_{\text{avg}}R\Delta t$$

この式を一番上の式に代入すると問題の関係式が証明される。

12-18. 円柱 1 は接触点で円の接線の方向に大きさ F の一様な力を円柱 2 に加える。円柱 2 に加えられるトルクは $\tau_2 = R_2 F$，角加速度は $\alpha_2 = \tau_2/I_2 = R_2 F/I_2$ である。角速度は時間の関数として

$$\omega_2 = \alpha_2 t = \frac{R_2 F t}{I_2}$$

円柱がお互いに及ぼしあう力はニュートンの第 3 法則に従うから，円柱 2 が円柱 1 におよぼす力の大きさも F である。円柱 2 によって円柱 1 に加えられるトルクは $\tau_1 = R_1 F$，円柱 1 の角加速度は $\alpha_1 = \tau_1/I_1 = R_1 F/I_1$ である。このトルクが円柱の回転を遅くする。角速度は時間の関数として $\omega_1 = \omega_0 - R_1 F t/I_1$ で表される。力が働かなくなると 2 つの円筒は一定の角速度で回転を続ける。このとき円周上の点の速さは等しい（$R_1\omega_1 = R_2\omega_2$）。これより，

$$R_1\omega_0 - \frac{R_1^2 F t}{I_1} = \frac{R_2^2 F t}{I_2}$$

この式を力と時間の積について解くと，
$$Ft = \frac{R_1 I_1 I_2}{I_1 R_2{}^2 + I_2 R_1{}^2} \omega_0$$
この Ft についての表式を上の ω_2 の式に代入すると
$$\omega_2 = \frac{R_1 R_2 I_1}{I_1 R_2{}^2 + I_2 R_1{}^2} \omega_0$$

12-19. (a) 人，煉瓦，回転台からなる系には外部からトルクが働かないので，全角運動量は保存される。I_i を初めの慣性モーメント，I_f を変化後の慣性モーメントとする。$I_i \omega_i = I_f \omega_f$ であるから，
$$\omega_f = \left(\frac{I_i}{I_f}\right) \omega_i = \left(\frac{6.0 \text{ kg} \cdot \text{m}^2}{2.0 \text{ kg} \cdot \text{m}^2}\right)(1.2 \text{ rev/s}) = 3.6 \text{ rev/s}$$

(b) 初めの運動エネルギーは $K_i = \frac{1}{2} I_i \omega_i^2$，変化した後の運動エネルギーは $K_f = \frac{1}{2} I_f \omega_f^2$ であるから，それらの比は，
$$\frac{K_f}{K_i} = \frac{I_f \omega_f^2}{I_i \omega_i^2} = \frac{(2.0 \text{ kg} \cdot \text{m}^2)(3.6 \text{ rev/s})^2}{(6.0 \text{ kg} \cdot \text{m}^2)(1.2 \text{ rev/s})^2} = 3.0$$

(c) 人はレンガを自分の体に近づけて慣性モーメントを減らすときに仕事をした。このエネルギーは人が蓄えている内部エネルギーからもたらされた。

12-20. (a) 回転半径 k を用いるとメリーゴーランドの慣性モーメントは $I = Mk^2$。これより $I = (180 \text{ kg})(0.910 \text{ m})^2 = 149 \text{ kg} \cdot \text{m}^2$。

(b) 直線上を動いている物体は，その直線上にないどのような点に関しても角運動量をもっている。子供のメリーゴーランドの中心のまわりの角運動量の大きさは mvR。R はメリーゴーランドの半径である。したがって
$$|\vec{L}_{\text{child}}| = (44.0 \text{ kg})(3.00 \text{ m/s})(1.20 \text{ m}) = 158 \text{ kg} \cdot \text{m}^2/\text{s}$$

(c) 子供-メリーゴーランド系には外部からトルクがはたらかないので，全角運動量は保存される。最初の角運動量は mvR，最後の角運動量は $(I + mR^2)\omega$ で与えられる。ω はメリーゴーランドと子供の角速度である。$mvR = (I + mR^2)\omega$ であるから
$$\omega = \frac{mvR}{I + mR^2} = \frac{158 \text{ kg} \cdot \text{m}^2/\text{s}}{149 \text{ kg} \cdot \text{m}^2 + (44.0 \text{ kg})(1.20 \text{ m})^2} = 0.744 \text{ rad/s}$$

12-21. 列車とリングからなる系には外部からトルクがはたらかないので，(最初はゼロであった) 系の全角運動量はゼロに保たれる。リングの慣性モーメントを $I = MR^2$，最終角速度を ω とすると，リングの最終角運動量は $I\omega$ で表される。リングが反時計まわりに回るとき $\omega > 0$ である。(列車が時計まわりに動くと，リングは反時計まわりに回り始める。) このとき観測者に対する列車の速さは $v' = v - \omega R$ で与えられる。角運動保存則より
$$0 = MR^2 \omega - m(v - \omega R) R$$
これを ω の式について解くと
$$\omega = \frac{mvR}{(M+m)R^2} = \frac{mv}{(M+m)R}$$

12-22. ゴキブリが止まったということは回転盤に対して (床に対してではない) 静止したということである。

(a) 最終角速度の大きさを ω_f とすると，角運動量保存則から，
$$mvR - I\omega_0 = -(mR^2 + I)\omega_f$$
これより
$$\omega_f = \frac{I\omega_0 - mvR}{mR^2 + I}$$

(b) $K_f \neq K_i$ で保存しない。この差は——お望みとあれば——解くことができる；
$$K_i - K_f = \frac{mI}{2} \frac{v^2 + \omega_0^2 R^2 + 2Rv\omega_0}{mR^2 + I}$$
これは明らかに正である。したがって，最初の運動エネルギーのいくらかは"失われる"——すなわち，他の形に移される。その張本人はゴキブリであり，止まることが大変難しいことを知るに違いない ("失われた" エネルギーを体内に吸収しなければならない)。

12-23. (a) 粘土が当たる直前からくっついた直後までの短い時間を考えると，角運動量保存則を用いることができる．最初の角運動量は落ちてくる粘土の角運動量である．粘土は最初回転軸から $d/2$ の距離にある直線に沿って運動し，$mvd/2$ の角運動量をもつ．$d=0.500$ m は棒の長さ，$m=0.0500$ kg は粘土の質量，$v=3.00$ m/s は粘土の速さである．粘土がくっついた後，棒は角速度 ω と角運動量 $I\omega$ をもつ．先端に2つのボールと粘土を付けた棒の慣性モーメントは $I=(2M+m)(d/2)^2$ である．角運動量保存より $mvd/2=I\omega$．$M=2.00$ kg はボールの質量である．

$$\frac{mvd}{2}=(2M+m)\left(\frac{d}{2}\right)^2\omega$$

を角速度について解くと，

$$\omega=\frac{2mv}{(2M+m)d}=\frac{2(0.0500)(3.00)}{(2(2.00)+0.0500)(0.500)}=0.148 \text{ rad/s}$$

(b) 最初の運動エネルギーは $K_i=\frac{1}{2}mv^2$，最後の運動エネルギーは $K_f=\frac{1}{2}I\omega^2$，両者の比は $K_f/K_i=I\omega^2/mv^2$ である．$I=(2M+m)d^2/4$ と $\omega=2mv/(2M+m)d$ を代入すると，比は

$$\frac{K_f}{K_i}=\frac{m}{2M+m}=\frac{0.0500}{2(2.00)+0.0500}=0.0123$$

(c) 棒が回転するとき運動エネルギーとポテンシャルエネルギーの和は一定に保たれる．1つのボールが h だけ下がるともう1つは同じだけ上がるから，ボールのポテンシャルエネルギーの和は変わらない．したがって，粘土のポテンシャルエネルギーのみ考えればよい．粘土は $90°$ だけ弧を描いて最下点に達し，運動エネルギーを得てポテンシャルエネルギーを失う．それから角 θ だけぐるっと回って，瞬間的に止まるまでに，運動エネルギーを失い，ポテンシャルエネルギーを得る．

粘土の経路の最下点のポテンシャルエネルギーをゼロにとろう．粘土はこの点から $d/2$ だけ高いところから出発するから，最初のポテンシャルエネルギーは $U_i=mgd/2$，粘土が最下点から角 θ だけ上がったときの高さは $(d/2)(1-\cos\theta)$，そのときのポテンシャルエネルギーは

$$U_f=mg\left(\frac{d}{2}\right)(1-\cos\theta)$$

である．最初の運動エネルギーはボールと粘土の和で

$$K_i=\frac{1}{2}I\omega^2=\frac{1}{2}(2M+m)\left(\frac{d}{2}\right)^2\omega^2$$

最後の位置では $K_f=0$ である．エネルギー保存則より

$$mg\frac{d}{2}+\frac{1}{2}(2M+m)\left(\frac{d}{2}\right)^2\omega^2=mg\frac{d}{2}(1-\cos\theta)$$

これを $\cos\theta$ について解くと，

$$\cos\theta=-\frac{1}{2}\left(\frac{2M+m}{mg}\right)\left(\frac{d}{2}\right)\omega^2$$

$$=-\frac{1}{2}\left(\frac{2(2.00 \text{ kg})+0.0500 \text{ kg}}{(0.0500 \text{ kg})(9.8 \text{ m/s}^2)}\right)\left(\frac{0.500 \text{ m}}{2}\right)(0.148 \text{ rad/s})^2$$

$$=-0.0226$$

これより，θ は $91.3°$．粘土が回った全角は $90°+91.3°=181°$．

12-24. ゴキブリを添字1で円板を添字2で表そう．

(a) ゴキブリ-円板系の初めの角運動量は，円板の半径を R とすると，

$$L_i=m_1v_{1i}r_{1i}+I_2\omega_{2i}=m_1\omega_0R^2+\frac{1}{2}m_2\omega_0R^2$$

ゴキブリが歩みを止めたとき，その位置は（半径方向に）$r_{1f}=R/2$ であるから，最後の角運動量は

$$L_f=m_1\omega_f\left(\frac{R}{2}\right)^2+\frac{1}{2}m_2\omega_fR^2$$

$L_f=L_i$ から

$$\omega_f\left(\frac{1}{4}m_1R^2+\frac{1}{2}m_2R^2\right)=\omega_0\left(m_1R^2+\frac{1}{2}m_2R^2\right)$$

これより，

第 12 章

$$\Delta\omega = \omega_f - \omega_0 = \omega_0\left(\frac{m_1R^2 + m_2R^2/2}{m_1R^2/4 + m_2R^2/2}\right) - \omega_0 = \omega_0\left(\frac{m + 10m/2}{m/4 + 10m/2} - 1\right)$$
$$= \omega_0(1.14 - 1) = 0.14\omega_0$$

$\omega_f/\omega_i = 1.14$ はあとで用いる。

(b) $I = L/\omega$ を $K = \frac{1}{2}I\omega^2$ に代入すると $K = \frac{1}{2}L\omega$。$L_i = L_f$ であるから，運動エネルギーの比は

$$\frac{K}{K_0} = \frac{\frac{1}{2}L_f\omega_f}{\frac{1}{2}L_i\omega_i} = \frac{\omega_f}{\omega_i} = 1.14$$

(c) ゴキブリは円板の中心に向かって歩くときに正の仕事をするので，系の全運動エネルギーは増加する。

12-25. もし極の氷が溶けると，溶けた水の体積は結果として地球の赤道半径を R_e から $R_e' = R_e + \Delta R$ に増加させる。それによって地球の慣性モーメントは増加し，（角運動量保存により）地球の回転は遅くなる。その結果一日の長さ T は ΔT だけ増加する。ω は(rad/s 単位で) $\omega = 2\pi/T$ であるから

$$\frac{\omega'}{\omega} = \frac{2\pi/T'}{2\pi/T} = \frac{T}{T'}$$

これより

$$\frac{\Delta\omega}{\omega} = \frac{\omega'}{\omega} - 1 = \frac{T}{T'} - 1 = -\frac{\Delta T}{T'}$$

最後の分数の分母を T と近似すると，簡単な式 $|\Delta\omega|/\omega = \Delta T/T$ になる。角運動量保存則より
$$\Delta L = 0 = \Delta(I\omega) \approx I(\Delta\omega) + \omega(\Delta I)$$
であるから $|\Delta\omega|/\omega = \Delta I/I$。慣性モーメントが赤道半径の 2 乗に比例すると仮定して（完全一様な球に対しては表 11-2(f) を適用できるが，地球は完全一様な球ではない）

$$\frac{\Delta T}{T} = \frac{\Delta I}{I} = \frac{\Delta(R_e^2)}{R_e^2}$$
$$\approx \frac{2\Delta R_e}{R_e} = \frac{2(30)}{6.37 \times 10^6}$$

$T = 86400$ s であるから $\Delta T = 0.8$ s。地球の半径は教科書の付録 B を参照のこと。

第 13 章

13-1. (a) 産科医が新生児に及ぼす力の大きさを F_{bo} とすると，

$$F_{bo} = \frac{Gm_b m_o}{r_{bo}^2} = \frac{(6.67\times 10^{-11}\text{ N}\cdot\text{m}^2/\text{kg}^2)(70\text{ kg})(3\text{ kg})}{(1\text{ m})^2} = 1\times 10^{-8}\text{ N}$$

(b) 木星が最も近づいたときに重力は最大となる；

$$F_{bJ}^{\max} = \frac{Gm_b m_J}{r_{\min}^2} = \frac{(6.67\times 10^{-11}\text{ N}\cdot\text{m}^2/\text{kg}^2)(2\times 10^{27}\text{ kg})(3\text{ kg})}{(6\times 10^{11}\text{ m})^2} = 1\times 10^{-6}\text{ N}$$

(c) 木星が最も離れたときに重力は最小となる；

$$F_{bJ}^{\min} = \frac{Gm_b m_J}{r_{\max}^2} = \frac{(6.67\times 10^{-11}\text{ N}\cdot\text{m}^2/\text{kg}^2)(2\times 10^{27}\text{ kg})(3\text{ kg})}{6\times 10^{11}\text{ m})^2} = 5\times 10^{-7}\text{ N}$$

(d) 正しくない。木星が及ぼす重力は産科医に比べて最大 100 倍大きい。

13-2. 太陽，地球，月にそれぞれ s, e, m という添字をつける。

$$\frac{F_{sm}}{F_{em}} = \frac{\frac{Gm_s m_m}{r_{sm}^2}}{\frac{Gm_e m_m}{r_{em}^2}} = \frac{m_s}{m_e}\left(\frac{r_{em}}{r_{sm}}\right)^2 = \frac{1.99\times 10^{30}}{5.98\times 10^{24}}\left(\frac{3.82\times 10^8}{1.50\times 10^{11}}\right)^2 = 2.16$$

13-3. 宇宙船の質量を m，地球から宇宙船までの距離を r とする。

$$F_m = F_e \Rightarrow \frac{GM_m m}{(R_{em}-r)^2} = \frac{GM_e m}{r^2}$$

これを解いて

$$r = \frac{R_{em}}{\sqrt{M_m/M_e}+1} = \frac{3.82\times 10^8\text{ m}}{\sqrt{(7.36\times 10^{22}\text{ kg})/(5.98\times 10^{24}\text{ kg})}+1} = 3.44\times 10^8\text{ m}$$

13-4. 第4の球の質量を m とする。数値が与えられた順番に球1，球2，球3とすると，原点までの距離は $r_1 = \sqrt{1.25}$, $r_2 = \sqrt{2}$, $r_3 = 0.5$ である。n 番目 ($n=1, 2, 3$) の球が原点の球に及ぼす力の大きさは $Gm_n m/r_n^2$ で，原点から n 番目の球を向いている。力を単位ベクトル表記で表すと，

$$\vec{F}_n = \frac{Gm_n m}{r_n^2}\left(\frac{x_n}{r_n}\hat{i}+\frac{y_n}{r_n}\hat{j}\right) = \frac{Gm_n m}{r_n^3}(x_n\hat{i}+y_n\hat{j})$$

3球についてこれらのベクトルを足すと，

$$\vec{F}_{net} = \sum_{n=1}^{3}\vec{F}_n = Gm\left[\left(\sum_{n=1}^{3}\frac{m_n x_n}{r_n^3}\right)\hat{i}+\left(\sum_{n=1}^{3}\frac{m_n y_n}{r_n^3}\right)\hat{j}\right] = -9.3\times 10^{-9}\hat{i}+-3.2\times 10^{-7}\hat{j}$$

したがって，力の大きさは $F_{net} = 3.2\times 10^{-7}$ N。

13-5. 空洞のある鉛球が小球に及ぼす重力は，空洞なしの鉛球が及ぼす重力 F_1 から，空洞をちょうど埋めるような球が及ぼす重力 F_2 を引いたものに等しい。空洞と同じ形状の球の半径は $r = R/2$，質量は $M_c = (r/R)^3 M = M/8$ である。空洞の中心から小球の中心までの距離は $d-r = d-R/2$ だから，

$$F = F_1 - F_2 = Gm\left(M\frac{1}{d^2}-\frac{M}{8}\frac{1}{(d-R/2)^2}\right) = \frac{GMm}{d^2}\left(1-\frac{1}{8(1-R/2d)^2}\right)$$

13-6. 地球中心からの距離が微小変化するときの加速度の微小変化を考える；

$$a_g = \frac{GM_E}{r^2} \Rightarrow da_g = -2\frac{GM_E}{r^3}dr$$

このとき重さの変化は $W_{top} - W_{bottom} \approx m(da_g)$。$W_{bottom} = GmM_E/R^2$ (R は地球半径) だから，

$$m\,da_g = -2\frac{GmM_E}{R^3}dr = -2W_{bottom}\frac{dr}{R}$$

$$= -2(530\text{ N})\frac{410\text{ m}}{6.37\times 10^6\text{ m}} = -0.068\text{ N}$$

ここでは地球の回転は考えていない。

13-7. 角速度が限界値を超えると，物体を惑星表面にとどめるのに必要な向心力が重力より大きくなるので，

第 13 章

物体は惑星から飛び出す。
(a) 惑星の質量を M，半径を R とすると，惑星表面の赤道上に置かれた質量 m の物体に働く力は $F=GMm/R^2$。速さ v で等速円運動する物体に働く向心力は mv^2/R。これらを等しいとおいて

$$\frac{GMm}{R^2}=\frac{mv^2}{R}$$

M を $(4\pi/3)\rho R^3$，v を $2\pi R/T$ で置き換えると（ρ は惑星の密度，T は自転の周期），

$$\frac{4\pi}{3}G\rho R=\frac{4\pi^2 R}{T^2} \quad \text{これより}\quad T=\sqrt{\frac{3\pi}{G\rho}}$$

(b) $\rho=3.0\times 10^3$ kg/cm^3 だから，

$$T=\sqrt{\frac{3\pi}{(6.67\times 10^{-11}\,\text{m}^3/\text{s}^2\cdot\text{kg})(3.0\times 10^3\,\text{kg/m}^3)}}=6.86\times 10^3\,\text{s}=1.9\,\text{h}$$

13-8. 物体に働く力は下向きの重力 F_g と，ばねによる上向きの力 W（ばね秤の読み）である。質量 m の物体が半径 R の円軌道上を速さ V で運動しているので，運動方程式より，$F_g-W=mV^2/R$。ただし V は慣性基準系で測る。v は地球に対する船の速さだから $V=R\omega\pm v$；第 1 項は地球に固定された点の速さを表す。

(a) $F_g-W=m(R\omega\pm v)^2/R$ の右辺の展開して v^2 の項を無視すると（v は $R\omega$ に比べて十分に小さい），$F_g-W=m(R^2\omega^2\pm 2R\omega v)/R$。これより $W=F_g-mR\omega^2\mp 2m\omega v$。$v=0$ のときの秤の読みは $W_0=F_g-mR\omega^2$ だから $W=W_0\mp 2m\omega v=W_0(1\mp 2\omega v/g)$。

(b) ＋符号は船が地球の自転と同じ向きに（西から東へ）進むとき，−符号は逆向き（東から西へ）進むときに対応する。

13-9. (a) 地球の質量を M，半径を R とすると

$$a_g=\frac{F}{m}=\frac{GM}{R^2}=\frac{(6.67\times 10^{-11}\,\text{m}^3/\text{s}^2\cdot\text{kg})(5.98\times 10^{24}\,\text{kg})}{(6.37\times 10^6\,\text{m})^2}=9.83\,\text{m/s}^2$$

(b) $a_g=GM/R^2$ で表されるが，ここで M は中心核とマントルの質量の和（$=1.93\times 10^{24}$ kg$+4.01\times 10^{24}$ kg$=5.94\times 10^{24}$ kg），R はマントルの外径（$=6.345\times 10^6$ m）である。したがって，

$$a_g=\frac{(6.67\times 10^{-11}\,\text{m}^3/\text{s}^2\cdot\text{kg})(5.94\times 10^{24}\,\text{kg})}{(6.345\times 10^6\,\text{m})^2}=9.84\,\text{m/s}^2$$

(c) 地球の全質量を M_E，半径を R_E とする。密度が一様だと仮定するので，

$$M=\left(\frac{R}{R_E}\right)^3 M_E=\left(\frac{6.345\times 10^6\,\text{m}}{6.37\times 10^6\,\text{m}}\right)^3 (5.98\times 10^{24}\,\text{kg})=5.91\times 10^{24}\,\text{kg}$$

加速度は。

$$a_g=\frac{GM}{R^2}=\frac{(6.67\times 10^{-11}\,\text{m}^3/\text{s}^2\cdot\text{kg})(5.91\times 10^{24}\,\text{kg})}{(6.345\times 10^6\,\text{m})^2}=9.79\,\text{m/s}^2$$

13-10. (a) 質量 M，半径 R の球の平均密度は $\rho=3M/4\pi R^3$ だから，

$$\frac{\rho_M}{\rho_E}=\frac{M_M}{M_E}\left(\frac{R_E}{R_M}\right)^3=0.11\left(\frac{0.65\times 10^4\,\text{km}}{3.45\times 10^3\,\text{km}}\right)^3=0.74$$

(b) $a_{gM}=\dfrac{GM_M}{R_M^2}=\dfrac{M_M}{M_E}\left(\dfrac{R_E}{R_M}\right)^2 a_{gE}=0.11\left(\dfrac{0.65\times 10^4\,\text{km}}{3.45\times 10^3\,\text{km}}\right)^2 (9.8\,\text{m/s}^2)=3.8\,\text{m/s}^2$

(c) 脱出速度は

$$\frac{1}{2}mv^2=\frac{GmM}{R}\quad\Longrightarrow\quad v=\sqrt{\frac{2GM}{R}}$$

火星の場合，

$$v=\sqrt{\frac{2(6.67\times 10^{-11}\,\text{m}^3/\text{s}^2\cdot\text{kg})(0.11)(5.98\times 10^{24}\,\text{kg})}{3.45\times 10^6\,\text{m}}}=5.0\times 10^3\,\text{m/s}$$

13-11. (a) あなたが球 B にする仕事は球 A-B-C 系のポテンシャルエネルギーの変化量に等しい。移動前のポテンシャルエネルギーは，

$$U_i=-\frac{Gm_A m_B}{d}-\frac{Gm_A m_C}{L}-\frac{Gm_B m_C}{L-d}$$

移動後は，

$$U_f = -\frac{Gm_Am_B}{L-d} - \frac{Gm_Am_C}{L} - \frac{Gm_Bm_C}{d}$$

あなたのした仕事は

$$W = U_f - U_i = Gm_B\left[m_A\left(\frac{1}{d} - \frac{1}{L-d}\right) + m_C\left(\frac{1}{L-d} - \frac{1}{d}\right)\right]$$

$$= (6.67\times 10^{-11}\text{ m}^3/\text{s}^2\cdot\text{kg})\left[(0.80\text{ kg})\left(\frac{1}{0.040\text{ m}} - \frac{1}{0.080\text{ m}}\right) + (0.20\text{ kg})\left(\frac{1}{0.080\text{ m}} - \frac{1}{0.040\text{ m}}\right)\right]$$

$$= +5.0\times 10^{-11}\text{ J}$$

(b) 重力の仕事はあなたの仕事の符号を逆にしたもの；$-(U_f - U_i) = -5.0\times 10^{-11}$ J。

13-12. (a) 半径 R，質量 M の小惑星表面での加速度は $a_g = GM/R^2$ だから，

$$v = \sqrt{\frac{2GM}{R}} = \sqrt{2a_g R} = \sqrt{2(3.0\text{ m/s}^2)(500\times 10^3\text{ m})} = 1.7\times 10^3\text{ m/s}$$

(b) 粒子の質量を M とすると，力学的エネルギーの保存則から

$$-\frac{GMm}{R} + \frac{1}{2}mv^2 = -\frac{GMm}{R+h}$$

GM を $a_g R^2$ で置き換えると

$$-a_g R + \frac{1}{2}v^2 = -\frac{a_g R^2}{R+h}$$

これより

$$h = \frac{2a_g R^2}{2a_g R - v^2} - R$$

$$= \frac{2(3.0\text{ m/s}^2)(500\times 10^3\text{ m})^2}{2(3.0\text{ m/s}^2)(500\times 10^3\text{ m}) - (1000\text{ m/s})^2} - (500\times 10^3\text{ m}) = 2.5\times 10^5\text{ m}$$

(c) 力学的エネルギーの保存則から

$$-\frac{GMm}{R+h} = -\frac{GMm}{R} + \frac{1}{2}mv^2$$

GM を $a_g R^2$ で置き換えると

$$-\frac{a_g R^2}{R+h} = -a_g R + \frac{1}{2}v^2$$

これより

$$v = \sqrt{2a_g R - \frac{2a_g R^2}{R+h}}$$

$$= \sqrt{2(3.0\text{ m/s}^2)(500\times 10^3\text{ m}) - \frac{2(3.0\text{ m/s}^2)(500\times 10^3\text{ m})^2}{500\times 10^3\text{ m} + 1000\times 10^3\text{ m}}} = 1.4\times 10^3\text{ m}$$

13-13. 銀河系内の星の数を N，太陽の質量を M，銀河系の半径を r とすると，太陽に働く重力の大きさは $F = GNM^2/r^2$ で銀河系の中心を向く。太陽の速さを v とすると，太陽の加速度の大きさは $a = v^2/R$。太陽が銀河中心の周りを回る周期を T とすると $v = 2\pi R/T$。運動方程式より，

$$\frac{GNM^2}{R^2} = \frac{4\pi^2 MR}{T^2}$$

これより (2.5×10^8 年 $= 7.88\times 10^{15}$ 秒だから)，

$$N = \frac{4\pi^2 R^3}{GT^2 M} = \frac{(4\pi^2(2.2\times 10^{20}\text{ m})^3}{(6.67\times 10^{-11}\text{ m}^3/\text{s}^2\cdot\text{kg})(7.88\times 10^{15}\text{ s})(2.0\times 10^{30}\text{ kg})} = 5.1\times 10^{10}$$

13-14. (a) 人工衛星の質量を m，軌道半径を r，地球の質量を M とすると，人工衛星に働く重力の大きさは $F = GMm/r^2$。人工衛星の速さを v とすると加速度の大きさは v^2/r。運動方程式より，$GMm/r^2 = mv^2/r$。これより ($r = 6.37\times 10^6$ m $+ 160\times 10^3$ m $= 6.53\times 10^6$ m だから)，

$$v = \sqrt{\frac{GM}{r}} = \sqrt{\frac{(6.67\times 10^{-11}\text{ m}^3/\text{s}^2\cdot\text{kg})(5.98\times 10^{24}\text{ kg})}{6.53\times 10^6\text{ m}}} = 7.82\times 10^3\text{ m/s}$$

(b) $T = \dfrac{2\pi r}{v} = \dfrac{2\pi(6.53\times 10^6\text{ m})}{7.82\times 10^3\text{ m/s}} = 5.25\times 10^3$ s $= 87.4$ min

13-15. (a) 地球の中心から遠地点までの距離は $R_a = 6.37\times 10^6$ m $+ 360\times 10^3$ m $= 6.73\times 10^6$ m，近地点までは

第 13 章

$R_p = 6.37 \times 10^6 \text{ m} + 180 \times 10^3 \text{ m} = 6.55 \times 10^6 \text{ m}$。長半径 a は
$$a = \frac{R_a + R_p}{2} = \frac{6.73 \times 10^6 \text{ m} + 6.55 \times 10^6 \text{ m}}{2} = 6.64 \times 10^6 \text{ m}$$

(b) 遠地点高度は離心率を使って $R_a = a(1+e)$，近地点高度は $R_p = a(1-e)$ で表されるので，$R_a - R_p = 2ae$。これより．
$$e = \frac{R_a - R_p}{2a} = \frac{R_a - R_p}{R_a + R_p} = \frac{6.73 \times 10^6 \text{ m} - 6.55 \times 10^6 \text{ m}}{6.73 \times 10^6 \text{ m} + 6.55 \times 10^6 \text{ m}} = 0.0136$$

13-16. 静止衛星の周期は 24 h = 86400 s だから，ケプラーの周期の法則 $T^2 = (4\pi^2/GM_E) r^3$ より，
$$r = \left(\frac{GM_E T^2}{4\pi^2}\right)^{1/3} = \left(\frac{(6.67 \times 10^{-11} \text{ m}^3/\text{s}^2 \cdot \text{kg})(5.98 \times 10^{24} \text{ kg})(86400 \text{ s})^2}{4\pi^2}\right)^{1/3} = 4.225 \times 10^7 \text{ m}$$

高度は $h = r - R_E = 4.225 \times 10^7 \text{ m} - 6.37 \times 10^6 \text{ m} = 3.59 \times 10^7 \text{ m}$。

13-17. (a) 木星-月に対する周期の法則 $T^2 = \left(\frac{4\pi^2}{GM_J}\right)a^3$ を太陽-地球に対する周期の法則 $T_E^2 = \left(\frac{4\pi^2}{GM_S}\right)r_E^3$ で割ると，
$$\left(\frac{T}{T_E}\right)^2 = \left(\frac{M_S}{M_J}\right)\left(\frac{a}{r_E}\right)^3$$

この関係式の対数をとると，
$$2\log\left(\frac{T}{T_E}\right) = \log\left(\frac{M_S}{M_J}\right) + 3\log\left(\frac{a}{r_E}\right) \quad \Rightarrow \quad \log\left(\frac{r_E}{a}\right) = \frac{2}{3}\log\left(\frac{T_E}{T}\right) + \frac{1}{3}\log\left(\frac{M_S}{M_J}\right)$$

グラフには $\log(T_E/T) - \log(r_E/a)$ がプロットされている。

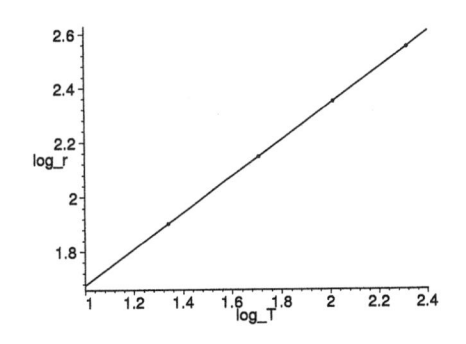

(b) このデータを最小 2 乗法でフィットすると $\log(r_E/a) = 0.666 \log(T_E/T) + 1.01$ が得られる。これは予想される値 2/3 に近い。

(c) $\frac{1}{3}\log\left(\frac{M_S}{M_J}\right) = 1.01 \Rightarrow \frac{M_S}{M_J} = 10^{3.03} \Rightarrow M_J = \frac{M_S}{10^{3.03}} = \frac{1.99 \times 10^{30} \text{ kg}}{1.07 \times 10^3} = 1.86 \times 10^{27} \text{ kg}$

13-18. ある星が他の 2 つ星から受ける正味の重力は，大きさが $(2GM^2/L^2)\cos 30°$ で外接円の中心を向く。外接円の半径は $L/\sqrt{3}$ だから
$$\frac{2GM^2}{L^2}\cos 30° = \frac{\sqrt{3}Mv^2}{L}$$

$\cos 30° = \sqrt{3}/2$ を使って書き直すと，$v = \sqrt{\frac{GM}{L}}$。

13-19. 高度が与えられているので半径に直すと，$r_A = 6370 + 6370 = 12740$ km，$r_B = 19110 + 6370 = 25480$ km。

(a) $\frac{U_B}{U_B} = \frac{-GmM/r_B}{-GmM/r_A} = \frac{r_A}{r_B} = \frac{1}{2}$

(b) $\frac{K_B}{K_A} = \frac{mv_B^2/2}{mv_A^2/2} = \frac{GmM/2r_B}{GmM/2r_A} = \frac{r_A}{r_B} = \frac{1}{2}$

(c) $E = K + U = -\frac{GMm}{2r}$ だから r の大きな方が大きな E（負符号のため絶対値は小さい）をもつ。
$$\Delta E = E_B - E_A = -\frac{GmM}{2}\left(\frac{1}{r_B} - \frac{1}{r_A}\right)$$

$$= -\frac{(6.67\times 10^{-11}\text{ m}^3/\text{s}^2\cdot\text{kg})(14.6\text{ kg})(5.98\times 10^{24}\text{ kg})}{2}\left(\frac{1}{2.55\times 10^7\text{ m}} - \frac{1}{1.27\times 10^7\text{ m}}\right)$$
$$= 1.1\times 10^8\text{ J}$$

13-20. (a) 持ち上げるのに必要なエネルギー E_1 はポテンシャルエネルギーの変化分だから

$$E_1 = \Delta U = -\frac{GM_Em}{R_E+h} - \left(-\frac{GM_Em}{R_E}\right) = GM_Em\left(\frac{1}{R_E} - \frac{1}{R_E+h}\right)$$

円軌道上の運動エネルギーは

$$E_2 = \frac{1}{2}mv^2 = \frac{GM_Em}{2(R_E+h)}$$

したがって，$\Delta E = E_1 - E_2 = GM_Em\left[\dfrac{1}{R_E} - \dfrac{3}{2(R_E+h)}\right]$

$\dfrac{1}{R_E} - \dfrac{3}{2(R_E+h)} = \dfrac{1}{6370} - \dfrac{3}{2(6370+1500)} < 0$ だから運動エネルギーの方が大きい。

(b) $\dfrac{1}{R_E} - \dfrac{3}{2(R_E+h)} = \dfrac{1}{6370} - \dfrac{3}{2(6370+3185)} = 0$ だから等しい。

(c) $\dfrac{1}{R_E} - \dfrac{3}{2(R_E+h)} = \dfrac{1}{6370} - \dfrac{3}{2(4500+1500)} > 0$ だから運動エネルギーの方が小さい。

13-21. 高度 640 km だから円軌道の半径は $r = 6.37\times 10^6 + 640\times 10^3 = 7.01\times 10^6$ m。

(a) $v = \sqrt{\dfrac{GM}{r}} = \sqrt{\dfrac{(6.67\times 10^{-11}\text{ m}^3/\text{s}^3\cdot\text{kg})(5.98\times 10^{24}\text{ kg})}{7.01\times 10^6\text{ m}}} = 7.54\times 10^3\text{ m/s}$

(b) $T = \dfrac{2\pi r}{v} = \dfrac{2\pi(7.01\times 10^6\text{ m})}{7.54\times 10^3\text{ m/s}} = 5.84\times 10^3\text{ s} = 97\text{ min}$

(c) 衛星の全エネルギーは $E = -GMm/2r$ で与えられるから，初めの全エネルギーを E_0 とすると

$$E_0 = -\frac{(6.67\times 10^{-11}\text{ m}^3/\text{s}^2\cdot\text{kg})(5.98\times 10^{24}\text{ kg})}{2(7.01\times 10^6\text{ m})} = -6.26\times 10^9\text{ J}$$

1500 周回後の全エネルギーは $E = -6.26\times 10^9\text{ J} - (1500)(1.4\times 10^5\text{ J}) = -6.47\times 10^9\text{ J}$。これより，軌道半径は

$$r = -\frac{GMm}{2E} = \frac{(6.67\times 10^{11}\text{ m}^3/\text{s}^2\cdot\text{kg})(5.98\times 10^{24}\text{ kg})(220\text{ kg})}{2(-6.47\times 10^9\text{ J})} = 6.78\times 10^6\text{ m}$$

高度は $h = r - R = 6.78\times 10^6\text{ m} - 6.37\times 10^6\text{ m} = 4.1\times 10^5\text{ m}$。

(d) $v = \sqrt{\dfrac{GM}{r}} = \sqrt{\dfrac{(6.67\times 10^{-11}\text{ m}^3/\text{s}^2\cdot\text{kg})(5.98\times 10^{24}\text{ kg})}{6.78\times 10^6\text{ m}}} = 7.67\times 10^3\text{ m/s}$

(e) $T = \dfrac{2\pi r}{v} = \dfrac{2\pi(6.78\times 10^6\text{ m})}{7.67\times 10^3\text{ m/s}} = 5.6\times 10^3\text{ s} = 93\text{ min}$

(f) 抵抗力の大きさを F，円軌道の周長の平均値を s とすると，周回ごとに衛星になされる仕事の平均値は $W = -Fs$。これがエネルギーの変化に等しいので $-Fs = \Delta E$。$s = 2\pi r_{\text{avg}} = 2\pi(7.01\times 10^6\text{ m} + 6.78\times 10^6\text{ m})/2 = 4.33\times 10^7\text{ m}$ だから，

$$F = -\frac{\Delta E}{s} = \frac{1.4\times 10^5\text{ J}}{4.33\times 10^7\text{ m}} = 3.2\times 10^{-3}\text{ N}$$

(g) 衛星には抵抗力が働くので保存されない。

(h) 衛星−地球系は孤立系と考えられるので保存される。

監訳者略歴

野﨑　光　昭
（のざき　みつあき）

1977年	東京大学理学部物理学科卒
1982年	東京大学大学院博士課程修了，理学博士
1982年	東京大学理学部助手
1991年	神戸大学理学部助教授
1996年	神戸大学理学部教授
2006年	高エネルギー加速器研究機構素粒子原子核研究所教授

Ⓒ 培風館　2003

2003年11月28日　初版発行
2025年 9 月25日　初版第15刷発行

演習・物理学の基礎1
力　　学

原著者　D. ハリディ
　　　　R. レスニック
　　　　J. ウォーカー
　　　　J. B. ホワイテントン
監訳者　野﨑光昭
発行者　山本　格

発行所　株式会社　培風館
東京都千代田区九段南4-3-12・郵便番号102-8260
電話(03)3262-5256(代表)・振替00140-7-44725

中央印刷・牧 製本

PRINTED IN JAPAN

ISBN 978-4-563-02259-4　C3042